不知不觉“扭转了一次”

环形编织的莫比乌斯围脖

〔德〕贝恩德·凯斯特勒　著

蒋幼幼　译

河南科学技术出版社

·郑州·

前 言

莫比乌斯编织只是起针方法有点特别，稍微了解一下基础知识和编织技巧就能学会，剩下的便是动手练习了。首先，请从刚好可以套在脖子上的单圈围脖入手吧。接下来学着编织可以绕上 2 圈的双圈围脖。小一点的可以用作儿童款围脖或者头巾，长一点的可以用作披肩或者风帽，穿戴起来都十分可爱。莫比乌斯编织的作品既舒适又暖和。我也经常简单地套上围脖，骑上摩托车四处旅行。冬天使用既保暖又不失时尚。大家不妨参考书中介绍的作品，在尺寸、线材和颜色上按自己的喜好大胆尝试编织吧！如果是围脖，不管什么尺寸都没关系。无论如何，希望大家可以试着编织第一件作品看看，然后再为更多的男性或女性朋友们编织吧！

贝恩德·凯斯特勒（Bernd Kestler）

1
2
3
4
5
6
SINGER

“编织方法没有规则可循”，这就是我的规则

我觉得今天的时代环境是最适合开始学习编织的。SNS（社交网站）、线材、编织工具……全部都是最好的状态。不仅参考书多得数不胜数，市面上的线材和工具也不断地推陈出新，网络上应有尽有。从开始编织时的起针方法到收针方法，以及第一次看到的新花样，随时都可能浏览到。参考这些内容的同时，结合以前的知识和经验，或者思考一下花样和作品的组合，或者研究一下编织起点位置。对于我来说，编织没有所谓的规则。试试这样，再试试那样，或者用用这个……灵感就这样源源不断地涌现出来。

将细长织物的一端扭转180度再与另一端连接后的形状就是“莫比乌斯环”。但是，莫比乌斯编织不需要做连接。莫比乌斯编织最关键的地方在于起针。以前介绍的莫比乌斯编织起针方法总是会在编织起点留下一条线迹，所以我想了想用什么办法才能避免出现这种起针线迹呢？于是，我就想到了可以替换连接绳针头的拆卸式环针。首先将环针与1根棒针并在一起开始起针，然后将针目移至环针上。这就是我自创的“凯斯特勒式莫比乌斯编织”，我希望将这种编织方法介绍给更多的朋友。

其次，花样的选择也至关重要。假设沿着莫比乌斯织物的正面一直往前走，不知不觉就到了织物的反面，最后又回到了原来的位置。也就是说，分不清哪一面是正面哪一面是反面，又或者说任何一面都是正面。所以，我搜索了一番适合莫比乌斯编织的花样，要求反面的纹理也很有意思，正、反两面都让人赏心悦目。在日本的编织古书以及从其他国家收集的图书中，我找到了很多有趣的花样，然后按自己的想法将这些花样设计成了围脖。

如果觉得难度太大没有把握，也可以用普通的起针方法，不一定要编织成莫比乌斯环的形状。还是希望大家可以先试着编织一件作品看看。如果本书可以让没有编织经验的朋友也能对编织产生兴趣，我将感到非常荣幸。

1. 在日本定居21年后，工作地点从横滨转移到了岐阜。凯斯特勒先生“一直想拥有一座属于自己的房子，可以亲手进行各种设计、改造”，于是在地板上铺满了德国地毯厂商VORWERK公司的地毯样品，自由地打造着缤纷时尚的空间。岐阜位于日本的正中间，到大阪和东京的距离都差不多，似乎方便了许多　2. 孔斯特蕾丝挂钟。这是重叠6等分和12等分的织片制作而成的、世界上独一无二的作品　3. 连指手套、披肩和帽子等以前编织的作品装满了日式衣柜　4. 从编织相关的古书到日本和服及纹样相关的书，再到自己的著作等，书架上摆满了西方和日本的资料书　5. 悬吊着的编织造型手模。不愧是专业的手势！凯斯特勒先生真是玩兴大发啊　6. 制图本、编织半成品、绕线器、缝纫机……这就是平常的工作台。现在，这是在用废弃的塑料管制作发卡蕾丝编织器吗？

目 录

1

Easy Pattern

简单花样的基础款围脖

重复编织 5 行下针和 5 行上针，这是最简单的花样了。什么都不要多想，请按自己喜欢的长度和适量的针数开始编织吧。推荐大家用这款作品尝试第一次的莫比乌斯编织！

使用线：芭贝 Multico

编织方法：p.28

蕾丝罗纹花样披肩

这是一款十分质朴的蕾丝花样莫比乌斯披肩，宽大的尺寸可以完整地包裹住肩部。清爽的薄荷绿色让人的心境也变得更加平和。

使用线：芭贝 British Eroika
编织方法：p.66

3

Mistake Rib

厚实的错位罗纹花样围脖

这款厚实的单圈围脖推荐给想要“唰唰唰”快速完成编织的朋友。只需编织以罗纹针为基础的下针和上针，花样非常简单。选择了烟灰色调的粉红色，显得成熟雅致。

使用线：芭贝 British Eroika

编织方法：p.67

柔美的错位罗纹花样围脖

色彩靓丽的围脖给人一种花朵瞬间绽放的感觉。这两款作品仿佛充满了力量，花样清晰明快，让人心情也似乎明朗了许多。与真丝混纺的羊毛线材具有雅致的柔美光泽，柔软的手感更是令人满意。

使用线：YANAGIYARN Bloom

编织方法：p.67

渐变色凤尾花样围脖

重复挂针和 2 针并 1 针形成的海扇形花样仿佛缓缓起伏的波浪，看上去很欢快吧。为了使起针行上下两侧的波纹花样刚好契合，将整体的花样数量设计成了奇数。

使用线：YANAGIYARN Bloom Melody

编织方法：p.68

6

Old Shale

7

Summer Lace

夏季线蕾丝花样围脖

棉线编织的围脖在夏季空调房内使用再合适不过了。最后在编织终点加入了波浪形褶边。搭配平常的简单着装，就像饰品一样佩戴也一定很漂亮。

使用线：和麻纳卡 Wash Cotton（段染）
边缘收针法：p.44
边缘花样的编织方法：p.60
编织方法：p.69

8、9

Aster Stitch

紫菀花样的发带和围脖

俏丽可爱的花样圆鼓鼓的，宛如一朵朵小花。“先编织 5 针缠绕针，在下一行 5 针并 1 针的同时编织 1 针放 5 针的加针”，一点都不难吧。大大的孔眼花样，边缘也非常有趣。

使用线：芭贝 Princess Anny、Lecce
紫菀花样的编织方法：p.46
扣眼花样的编织方法：p.48
编织方法：p.70

10

Slip Wave

浮针波纹配色花样围脖

佩戴以前编织的围巾时，突然发现“这个花样的反面也很好看嘛”。此次作为本书的一款作品，用莫比乌斯编织方法又重新编织了一次。于是便有了这款精致时尚的围脖，蓝白配色宛如和风的波浪花样。

使用线：YANAGIYARN Bloom

编织方法：p.71

沙砾花样的儿童款围脖

这件儿童款单圈围脖编织得稍微小一点，周长为52cm。也可以用作大人的发带或风帽。鲜明的翠蓝色主体加上黄色的边缘，显得格外亮眼。

使用线：SKI Tasmanian Polwarth
编织方法：p.68

12

Seaweed

海藻花样披肩

下针和上针呈斜向流动的花样宛如海底悠然飘舞的海藻。这款作品尝试在休闲的粗花呢线主体上添加了仿皮草线的边缘。即使男性佩戴，也毫无违和感。

使用线：和麻纳卡 Aran Tweed、Lupo
编织方法：p.72

拉针花样双圈围脖

这款拉针花样无论哪一面当作正面或反面都可以。花样图的正面类似罗纹花样，反面则是富有立体感的颗粒状花样。一次就可以欣赏到 2 种花样，太适合用来编织莫比乌斯围脖了。

使用线：DARUMA Airy Wool Alpaca
编织方法：p.73

13

Drop Stitch

14

Brioche Blocks

元宝针方块花样双圈围脖

这款围脖拥有足够的长度和宽度，绕上 2 圈正好可以围住脸部。选择的花样编织出来既厚实蓬松又保暖，还有瘦脸的视觉效果。

使用线：SKI UK Blend Melange

编织方法：p.74

花式线漏针罗纹花样风帽

将挂针加出的针目编织几行后再拆开形成了所谓的漏针花样。这款风帽的长度是单圈的尺寸，而且是宽边设计。摊平后的形状虽然有点奇怪，不过穿戴起来却极为合适。

使用线：DARUMA Pom Pom Wool
漏针罗纹花样的编织方法：p.49
编织方法：p.75

15

Drop Rib

元宝针罗纹花样双圈围脖

每隔 1 行换色，按英式罗纹针的要领编织。这个花样编织 2 行相当于 1 行的高度，所以需要编织的行数是普通罗纹针的 2 倍。不过，正、反面分别呈现出不同的颜色，别有一番趣味。

使用线：芭贝 Queen Anny
元宝针花样的编织方法：p.51
编织方法：p.73

16

Brioche Rib

17

Wave Brioche

元宝针波纹花样围脖

编织要领基本上与 p.22 的花样相同，通过 3 针并 1 针以及从 1 针里放出几针的加针，呈现出的花样宛如叶子一般。虽然行数较多，但是逐渐浮现的花样令人惊喜，越发有动力继续编织了。

使用线：芭贝 Princess Anny
元宝针波纹花样的色彩搭配：p.50
元宝针花样的编织方法：p.51
编织方法：p.76

18、19

Fair Isle

费尔岛配色编织的披肩和帽子

费尔岛配色花样的反面渡线也非常有艺术性。注意渡线时不要交叉底色线和配色线。为了更加清楚地展示花样，特意编织成了披肩。配套的帽子也是用剩下的线材配色编织而成。

使用线：和麻纳卡 Rich More Percent
费尔岛配色花样：p.54
编织方法：p.64

20

K-Wave

千层水波花样披肩

只有上针和下针，却可以编织出如此有趣的凹凸状波纹！这是我非常喜欢的一款花样，而且与大胆的渐变色调相得益彰。熨烫？当然不需要哦！

使用线：和麻纳卡 Lantana
编织方法：p.77

带领子的勾股花样斗篷

21 Pythagorean Pattern

因为想要编织一件带莫比乌斯领子的斗篷，于是将莫比乌斯编织终点的一半针目收针，用剩下的针目接着编织身片部分。编织三角形的连续花样，通过分散加针逐渐放宽身片，呈现出漂亮的百褶效果。

使用线：和麻纳卡 Rich More Bacara Epoch
编织方法：p.78

莫比乌斯围脖的编织方法

编织作品前，先来了解一下编织图和符号图的看法吧。

※ 编织图中未标单位的尺寸均以厘米（cm）为单位

1 简单花样的基础款围脖 p.8

Easy Pattern

〈编织图的看法〉

起针位置在围脖的中间，从中间往上下两侧编织。

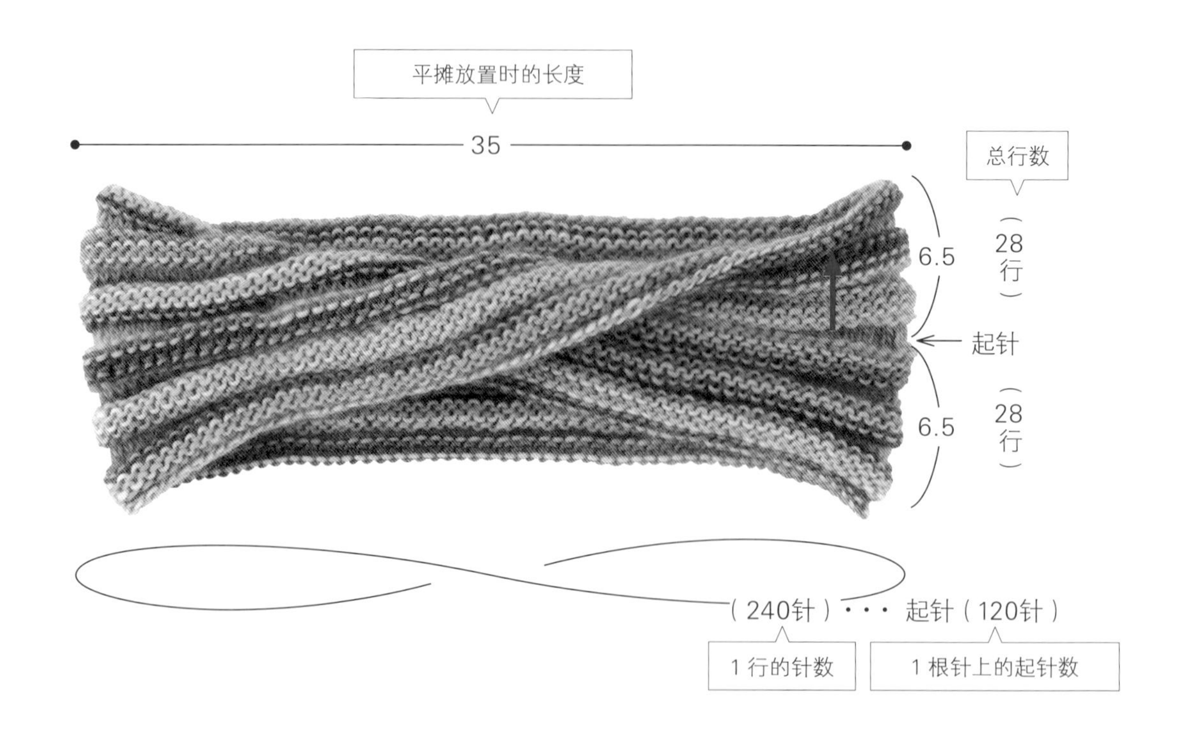

■材料

芭贝 Multico 粉红色和绿色系段染（576）80g

工具 环针（80~100cm）5 号，棒针 5 号 1 根

■成品尺寸

宽 13cm，周长 70cm

■密度

10cm17 针，6.5cm28 行

■编织方法

在环针和棒针上各起 120 针，一共起 240 针后开始编织。从编织花样的第 1 行开始编织所有针目（240 针）。参照符号图编织至 28 行，结束时做冰岛式收针（参照 p.36）。

〈符号图的看法〉

作品的起针全部采用相同的方法。
完成起针后，从符号图的第 1 行开始编织。

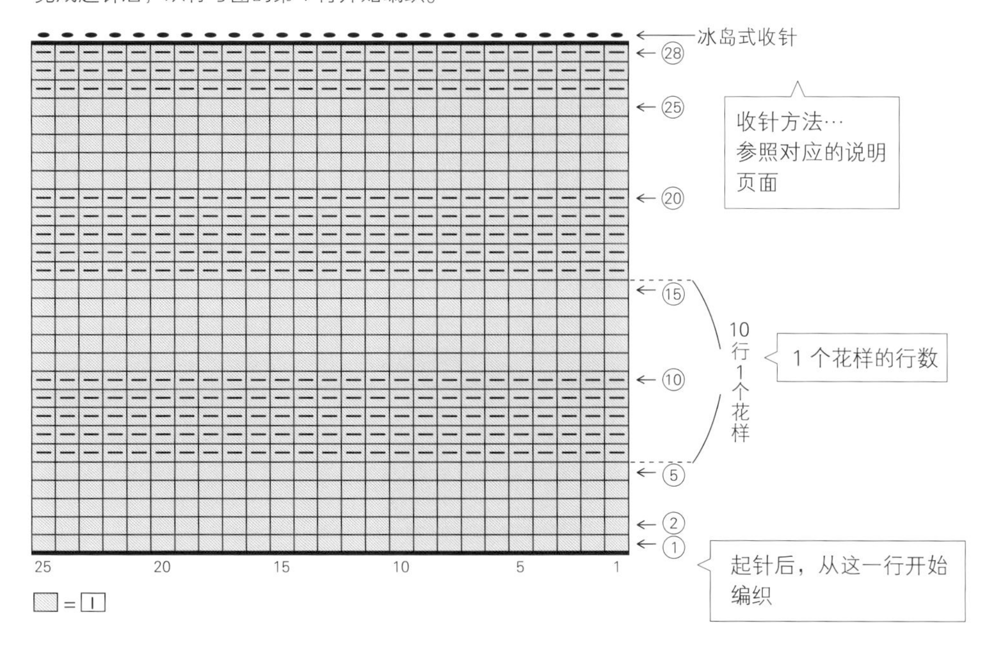

〈起针数的确定方法〉

想要更改书中作品的尺寸，或者想要编织原创花样时，莫比乌斯编织中起针数的确定是直接影响作品效果的重要因素。莫比乌斯围脖是在中心起针行的上下两侧分别呈现出花样。因此，编织花样的正面和反面是相连的。此时就需要考虑一个问题，中心线上的花样是呈连续状态（偶数花样）比较好呢，还是相互错开（奇数花样）比较好。

起针数为偶数花样时…从莫比乌斯织物的中心往上下两侧以相同间隔呈现出花样的正、反面

起针数为奇数花样时…从莫比乌斯织物的中心往上下两侧以相差半个花样的间隔呈现出花样的正、反面

step 1 准备工具

下面介绍的是编织莫比乌斯围脖时需要用到的工具。

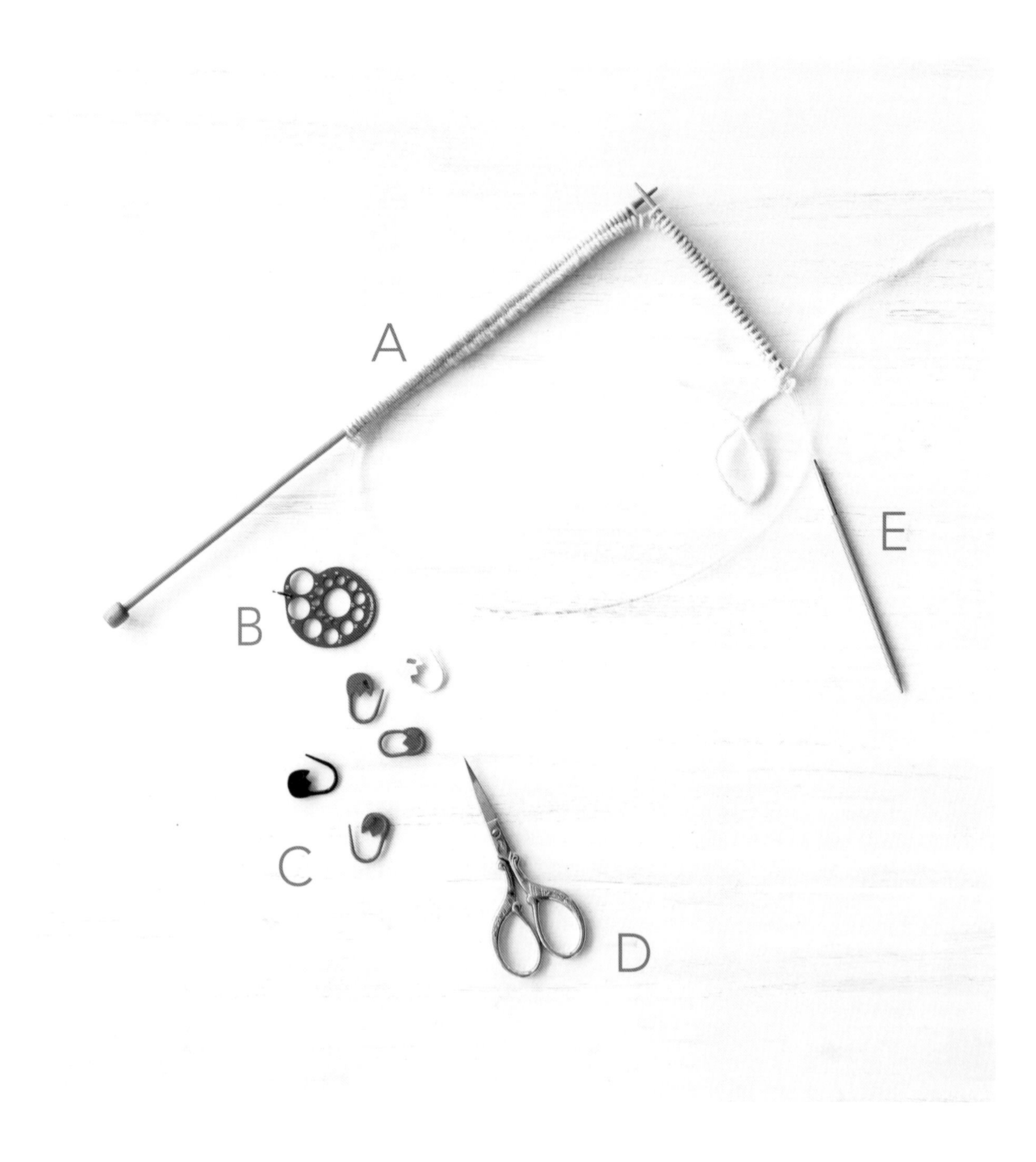

A 棒针 1 根

起针时，需要用到 1 根与环针相同粗细的棒针

B 针号测量器

将棒针插入测量器的小孔中，就可以知道针号

C 行数记号扣

放在一行的起始位置，以免在交界处混淆编织起点和编织终点

D 剪刀

建议使用比较锋利的、尖头的手工专用剪刀

E 环针 1 根

较长的围脖使用 120~150cm 的环针，较短的围脖使用 80~100cm 的环针

step 2 莫比乌斯起针方法 Cast on

将 1 根棒针与 1 根环针并在一起，交替在 2 根针上挂线起针。
※ 为了便于理解，图片中使用了不同颜色的毛线

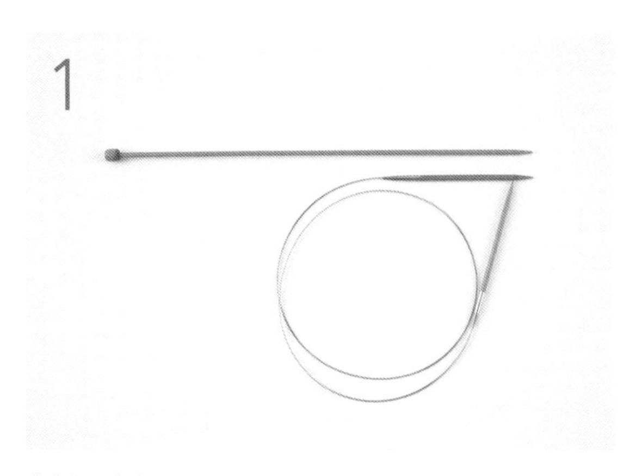

准备相同粗细的 1 根环针和 1 根棒针。

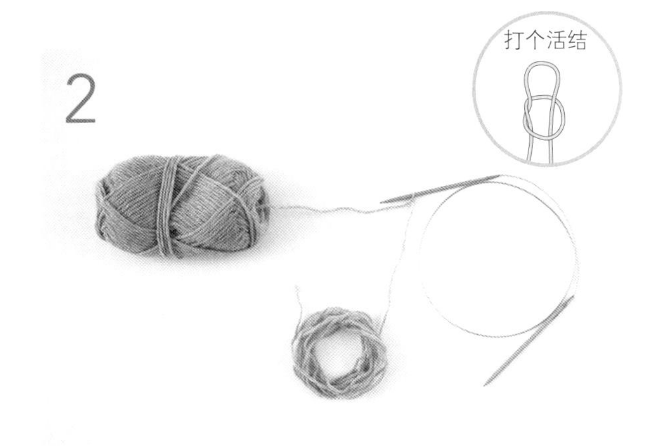

留出 5 倍于想要编织长度的线头，在中间打一个活结挂在环针上。（第 1 针）

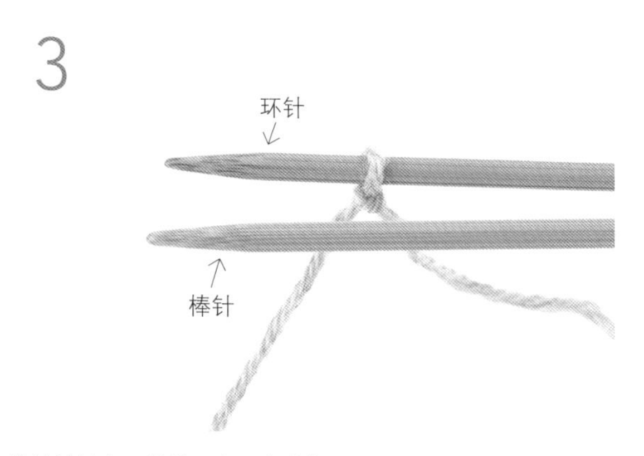

将棒针放在环针的下方一起拿好。

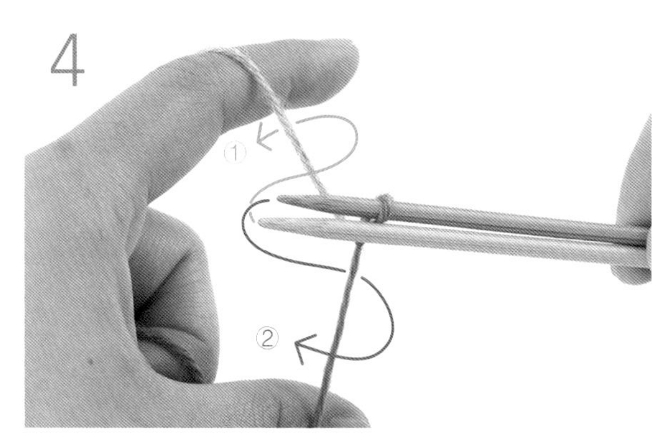

将预留线头（下面换成蓝色）挂在拇指上，将线团的线（灰色）挂在食指上，如箭头所示转动针头，在棒针上挂线。

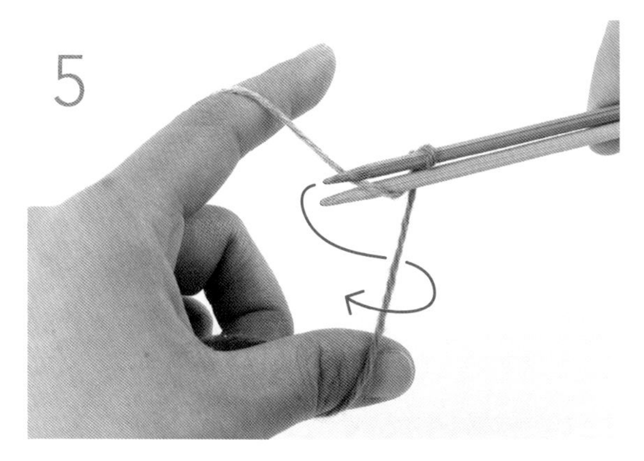

棒针上起好了 1 针。接着如箭头所示转动针头，在环针上挂线。

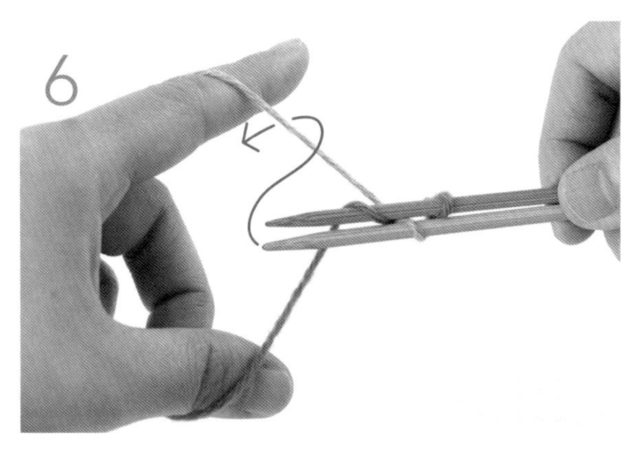

环针上起好了 1 针。接着如箭头所示转动针头，在棒针上挂线。

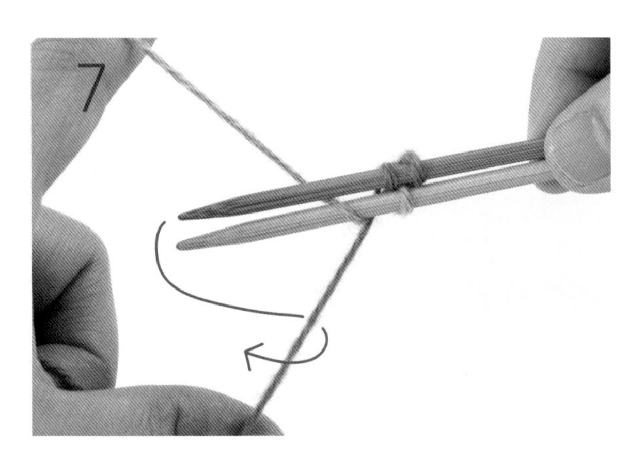

如箭头所示转动针头，在环针上起 1 针。

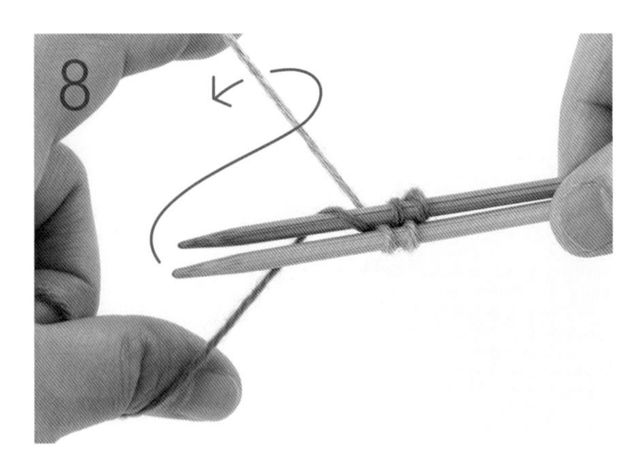

在棒针上起 1 针。交替在环针和棒针上挂线。重复以上操作。

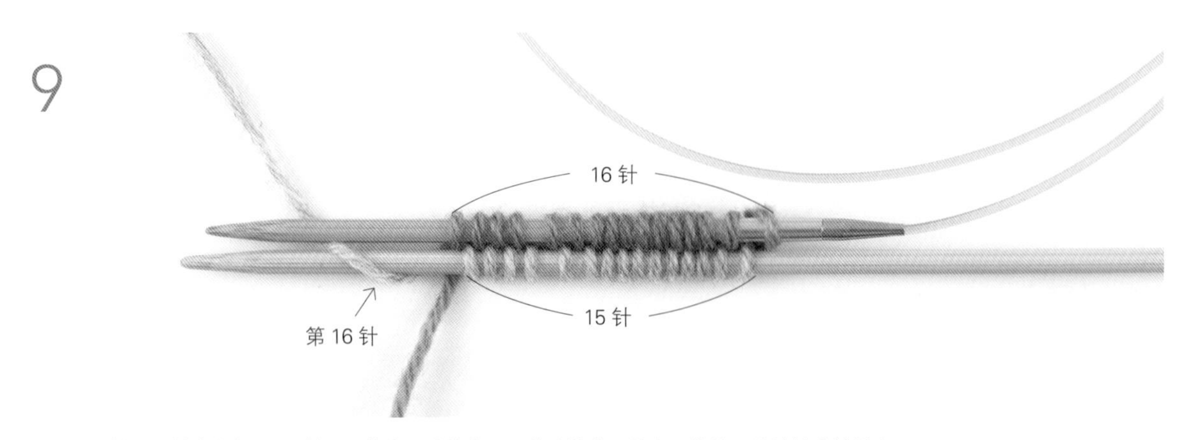

这是在环针和棒针上挂线各起了 16 针后的状态。继续将预留线头挂在环针上，将线团的线挂在棒针上。

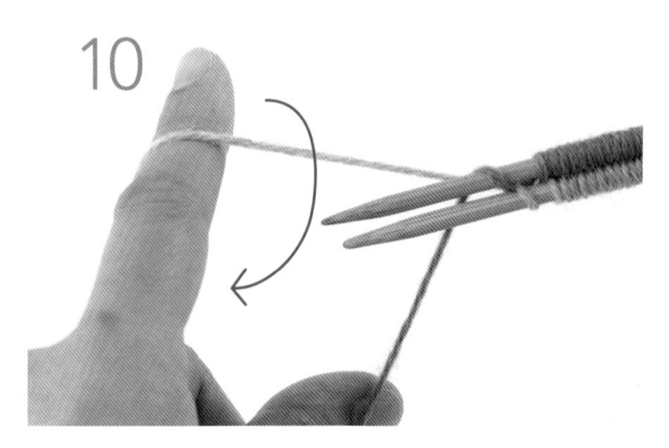

在环针上起到第 120 针后，向前转动食指形成 1 个线环。

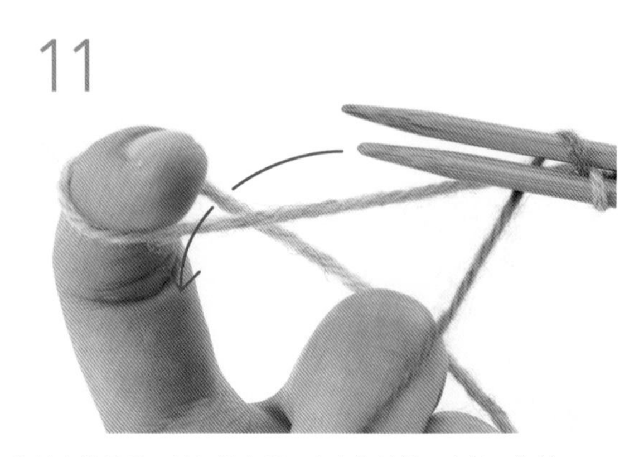

棒针上的最后一针如箭头所示在食指的线环中插入棒针。

12

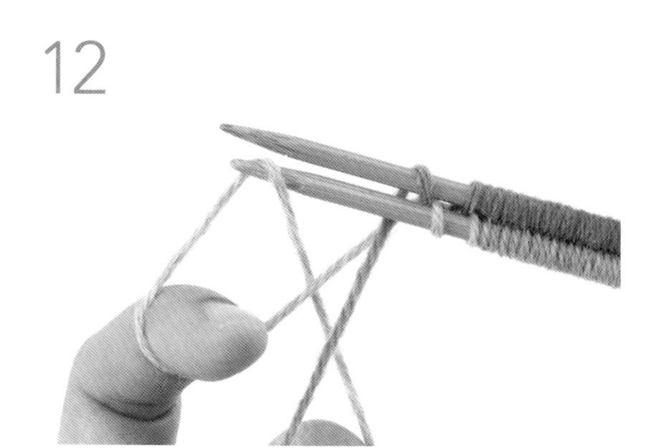

将线环挂在棒针上后，从线环中退出食指。

13

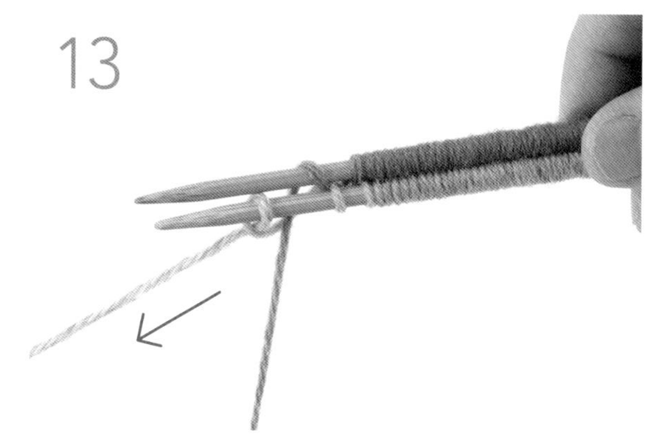

为了避免最后一针松开，将线拉紧。棒针上就起好了第 120 针。

14

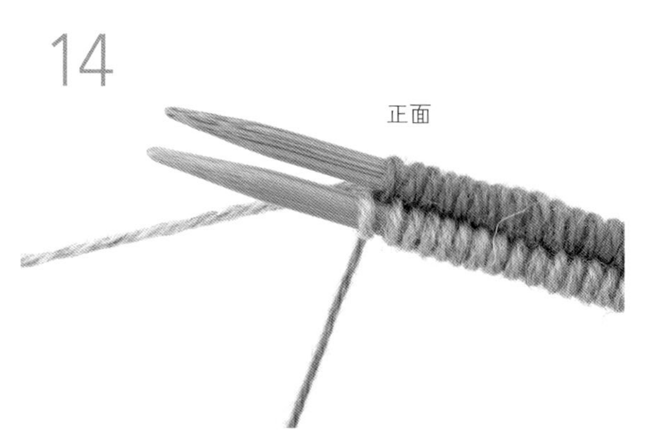

这是起针行的正面。环针上挂的是预留的线（蓝色），棒针上挂的是线团的线（灰色），一目了然。

15

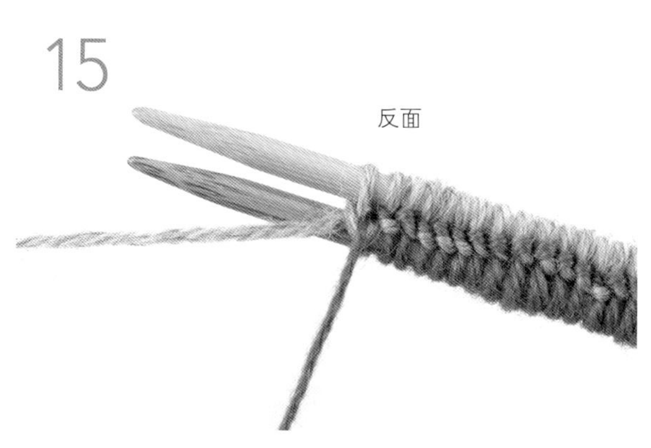

这是起针行的反面。预留的线与线团的线相互交缠，形成类似上针的隆起针脚。

16

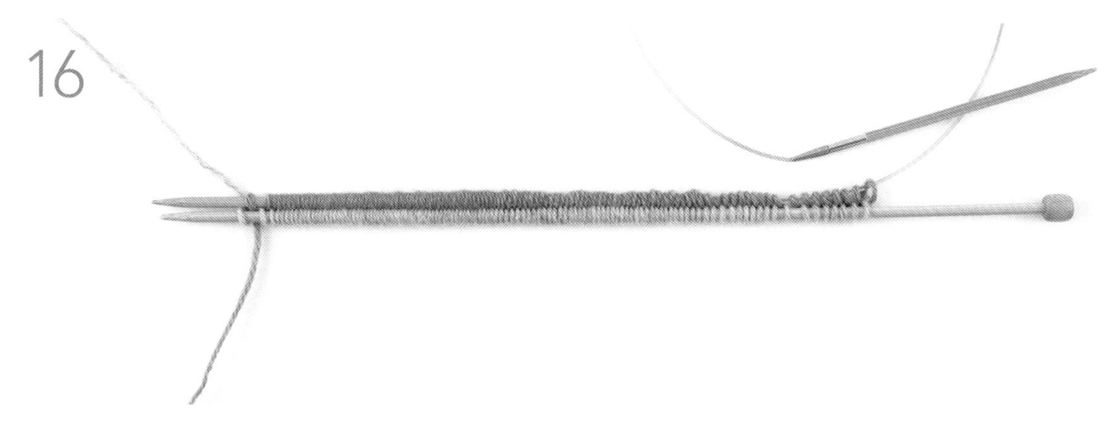

至此，起针就完成了。在环针和棒针上分别起了 120 针。

step 3 将针目移至环针上

将棒针上的针目移至环针上，起针行就变成了莫比乌斯环的状态。
※ 为了便于理解，图片中使用了不同颜色的毛线

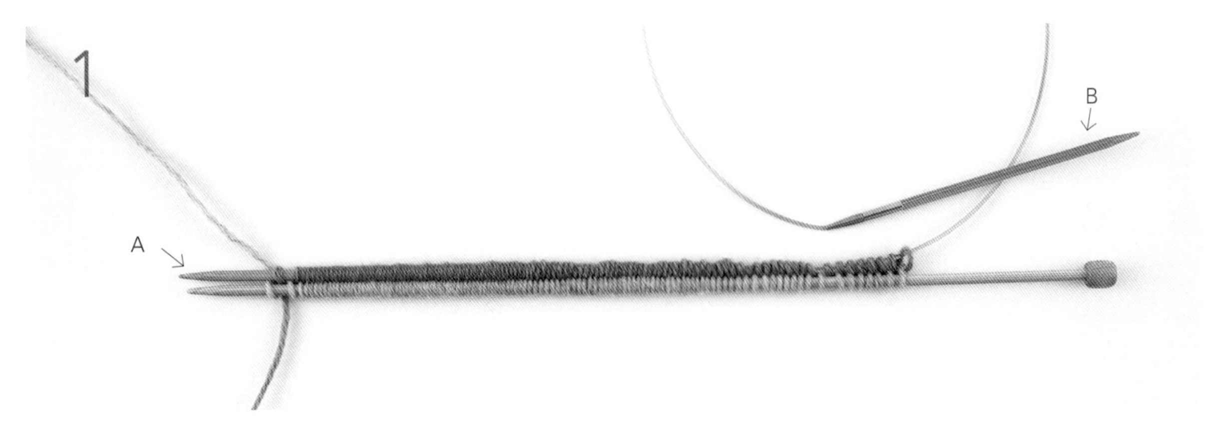

指定针数的起针已经完成了。将环针上挂着预留线头（蓝色）的一端定为 A，将另一端定为 B。

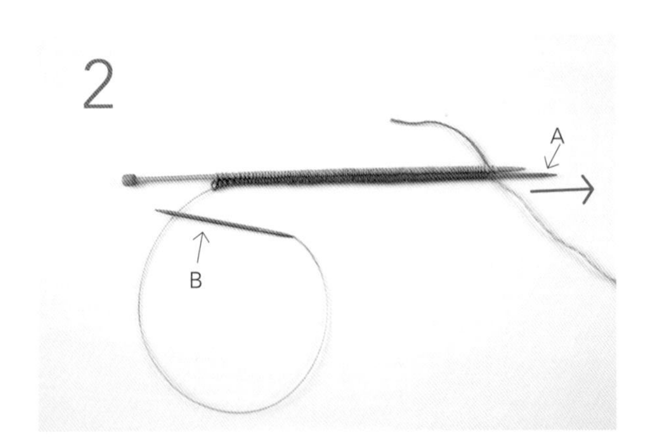

将棒针转至上方，针头朝右，然后从针目里拉出 A 针。

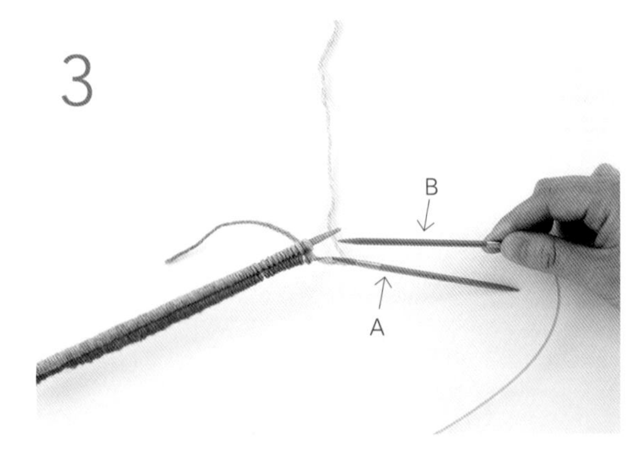

保持针目松弛的状态，将棒针上的针目移至 B 针上。

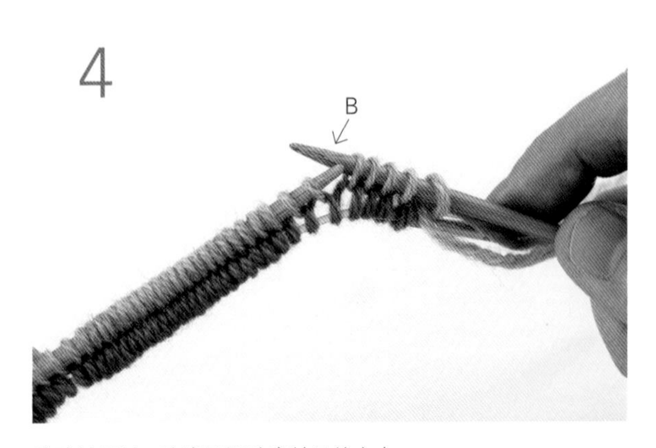

移动针目时，注意不要改变针目的方向。

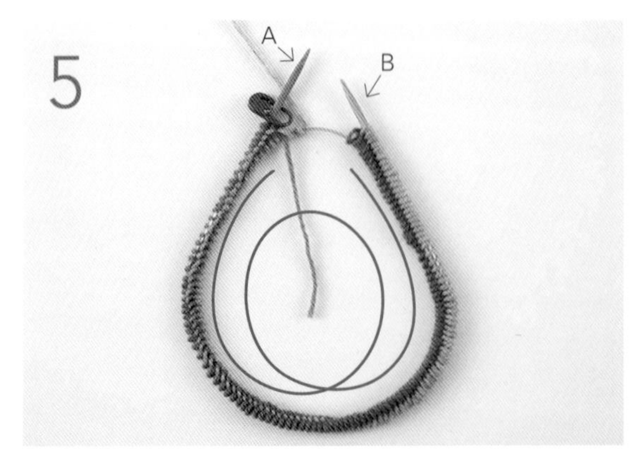

将棒针上的针目全部移至 B 针上后，环针上就出现了双重针目的状态。在 A 针上放入行数记号扣（以下均叫“记号扣”）。

step 4 编织莫比乌斯环

从符号图的第 1 行开始编织。花样将会出现在起针行的上下两侧。
※ 为了便于理解，图片中使用了不同颜色的毛线

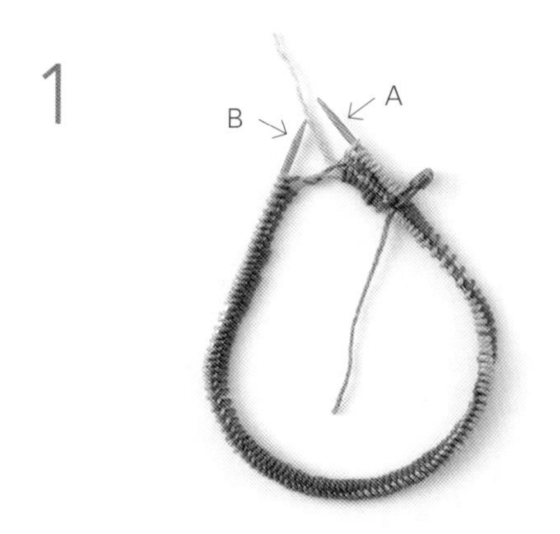

右手拿着 A 针，从符号图的第 1 行开始编织从棒针移至 B 针上的针目（灰色）。

这是起针行编织了一半的状态。记号扣移到了环针的连接绳上。

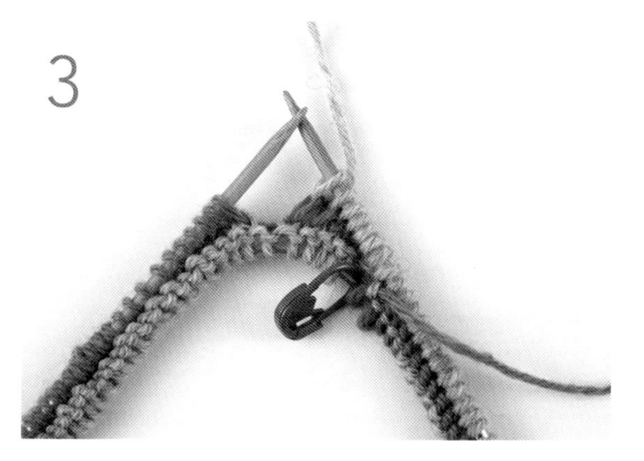

继续编织原来起在 A 针上的针目（蓝色）。

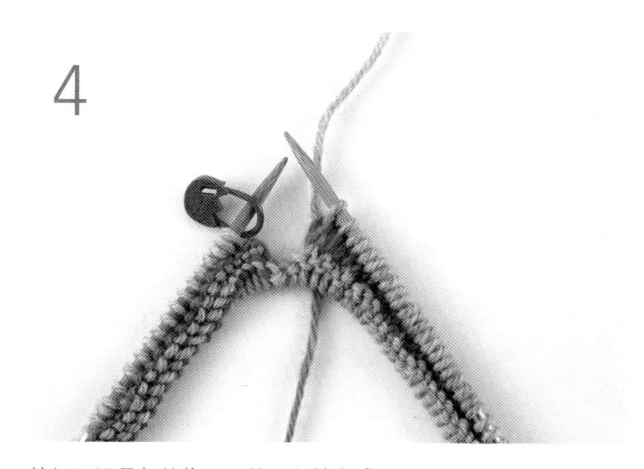

编织至记号扣的位置，第 1 行就完成了。

这是编织了 3 行后的状态。可以看出织物已经呈现出了莫比乌斯环的形态。

编织起点做好线头处理，注意针目的连接状态，不要留出小孔。

step 5 收针方法 Cast off

根据设计和花样的需要，选择编织终点的收针方法。

冰岛式收针法

Icelandic Cast off

这种收针方法无论从正面看还是从反面看都像是上针。用于起伏针或上针为主的织物。

※ 为了便于理解，图片中使用了不同颜色的毛线

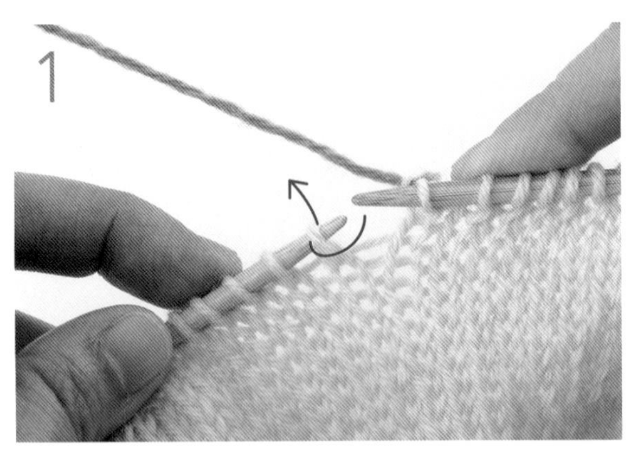

编织 1 针下针。

将刚才编织的针目移至左针上。

在移过来的针目里插入右针，将下个针目挑出。

在挑出的针目里编织下针。

5

从左针上取下 2 针。

6

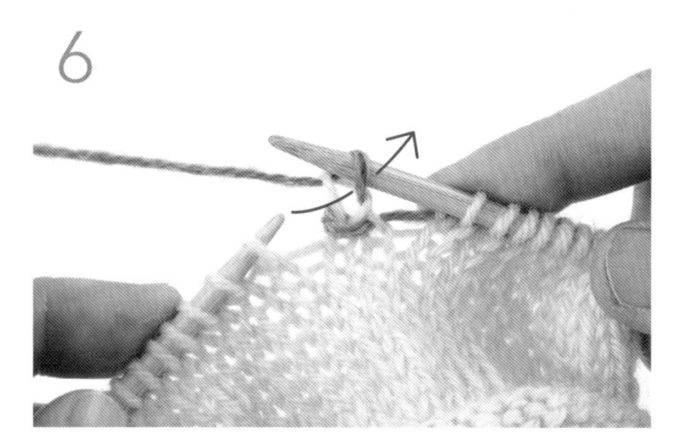

将刚才编织的针目移至左针上。

7

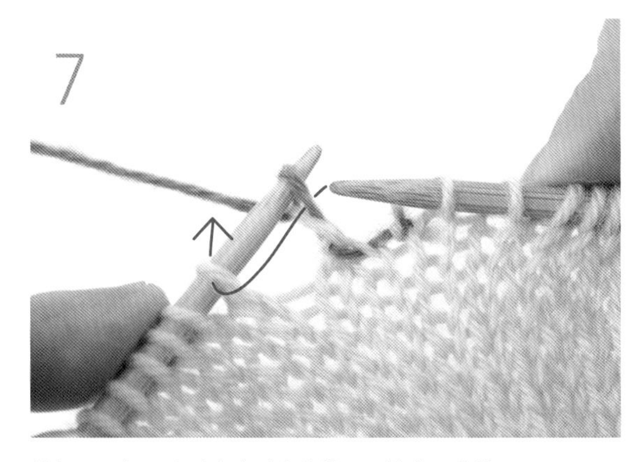

按相同要领，从刚才移过来的针目里挑出下个针目。

8

挂线编织下针，从左针上取下 2 针。

9

将刚才编织的针目移至左针上。重复步骤 6~8。

10

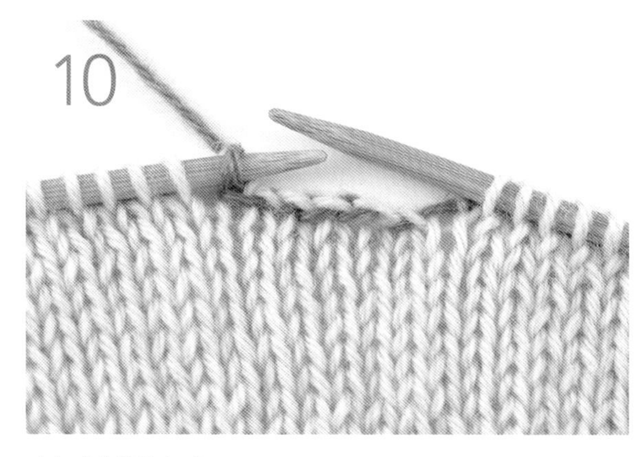

冰岛式收针就完成了。

I–Cord 收针法

I-Cord Cast off

一边收针，一边编织 I–Cord。收针后，织物的边缘（编织终点一侧）比较厚，就像给织物做了包边处理。

※ 为了便于理解，图片中使用了不同颜色的毛线

在围脖的编织终点接着做卷针起针。

起好了第 1 针。继续在针上绕线。

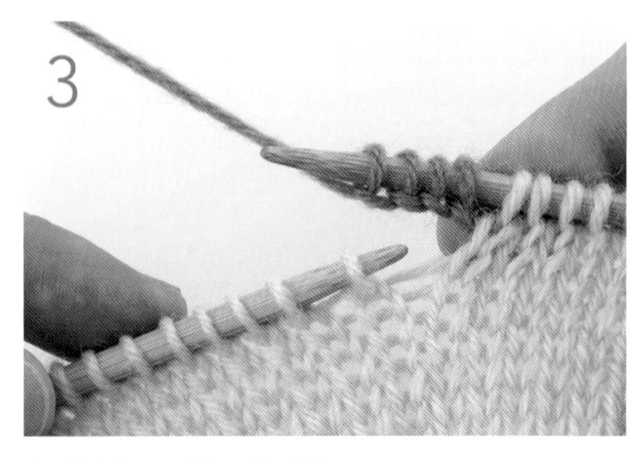

按指定针数（此处为 4 针）起针。

将针目移至左针上，注意不要改变针目的方向。

5

编织下针。

6

如箭头所示，在最后一针和围脖最后一行的针目里插入针。

7

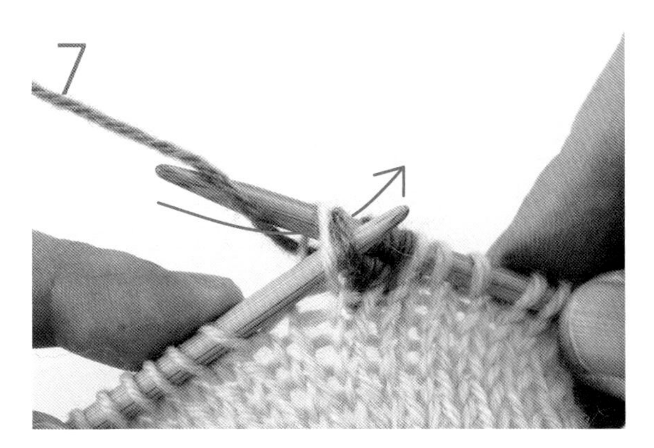

编织 2 针并 1 针。

8

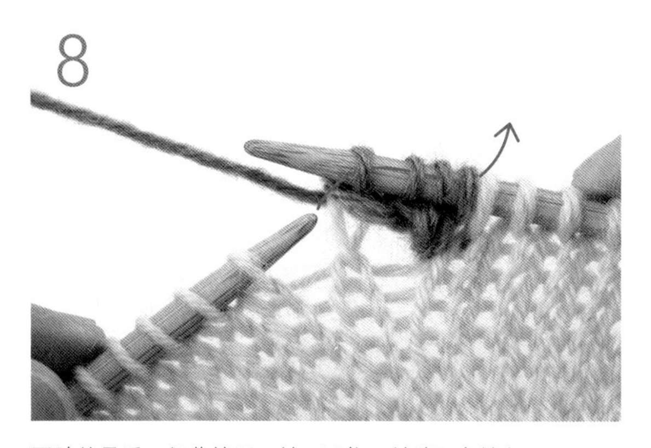

围脖的最后一行收掉了 1 针。再将 4 针移至左针上。

9

重复步骤 5~8。

10

I-Cord 收针就完成了。最后将收针的起点和终点做下针无缝缝合。

弹性收针法
Elastic Cast off

这种收针方法比较有弹性。为罗纹针等具有伸缩性的织物做收针时非常方便。

※ 为了便于理解，图片中使用了不同颜色的毛线

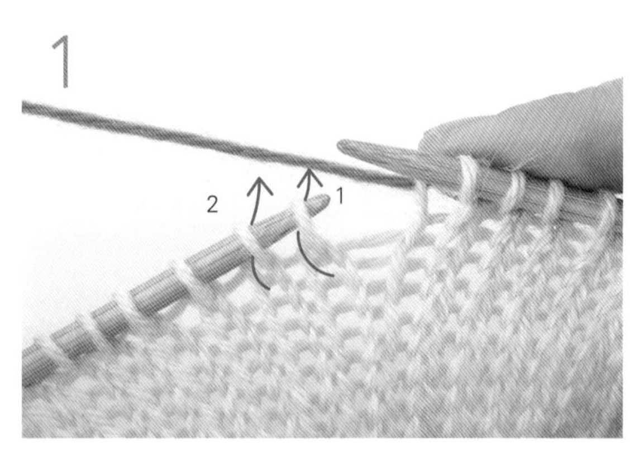

编织 2 针下针。

将刚才编织的 2 针移至左针上。

就像从线圈的后面挑针一样，在 2 针里一起插入针。

挂线后挑出。

5

这就是扭针的 2 针并 1 针。在下个针目里编织下针。

6

在 2 个线圈里插入左针。

7

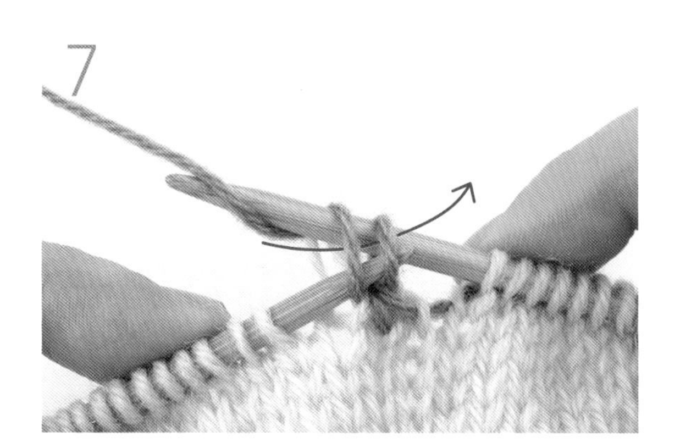

直接挂线后挑出，编织 2 针并 1 针。

8

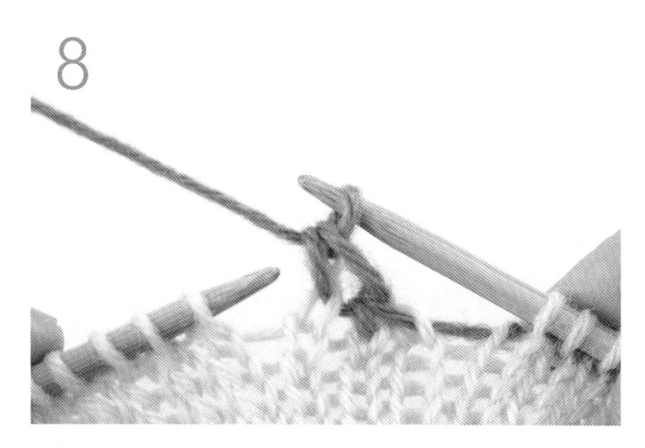

重复步骤 5~7。

9

弹性收针就完成了。因为在每个针目里都编织了 2 次，收针后就更有伸缩性。

无缝缝合收针法 ※ 环形的单罗纹针收针

Kitchener Stitch

Kitchener Stitch 又叫“下针无缝缝合”，这是一种看上去像下针的收针方法。因为是环形的单罗纹针收针，所以呈现出连续的下针状态。

※ 为了便于理解，图片中使用了不同颜色的毛线

①、③、⑤的拉针是在 2 个线圈里插入缝针。

将编织终点的线头穿入缝针，从后往前在针目①里入针。

从左针上取下针目①。从前往后在针目②里入针。

从针目①的前面入针，接着从后往前在针目③里出针。

从针目②的后面入针，再从针目④的后面出针。从左针上取下针目②、③。

按步骤 4 的要领，从针目③的前面入针，接着从后往前在针目⑤里出针。

重复步骤 4、5，按下针对下针、上针对上针的要领穿针。

这是编织终点位置。从针目②'的前面入针，接着从后往前在针目①（最初的针目）里出针。

从针目①' 的后面入针，再从针目②的后面出针，将线拉出。

收针的起点和终点连接在了一起。至此，无缝缝合收针就完成了。

边缘收针法
Edging

一边编织边缘，一边收针。因为每编织 2 行收掉 1 针，所以需要满足一个条件，即“主体针数＝边缘 1 个花样的成倍行数＋起针行”。首先在边缘的编织起点用“下针起针法”在左针上起好所需针数。

※ 为了便于理解，图片中使用了不同颜色的毛线

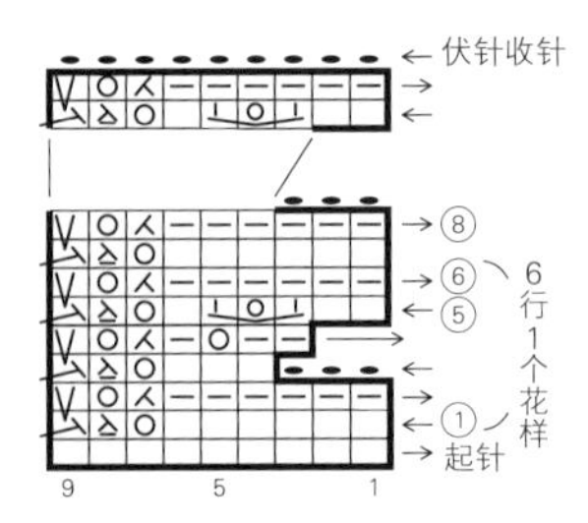

□＝[丨]

[V]＝滑针

[O]＝挂针

[⋌]＝左上2针并1针（从反面编织时，编织上针的左上2针并1针）

[丨O丨]＝1针放3针的加针

[⋋]＝上针的右上2针并1针

[⋋]＝与主体第29行的针目编织右上2针并1针（呈扭针状态）

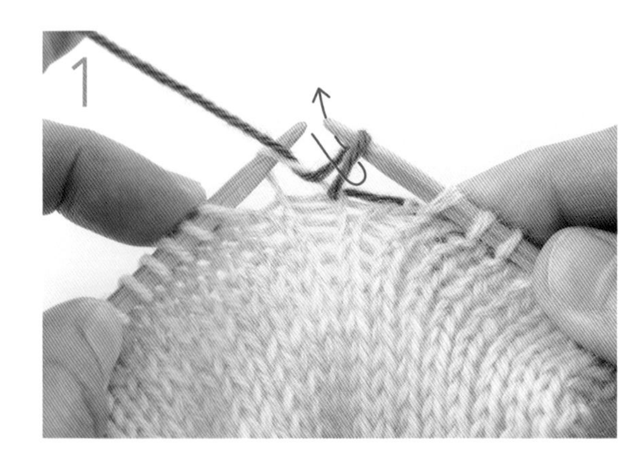

在最初的针目里插入针，挂线后挑出，接着如箭头所示插入左针。

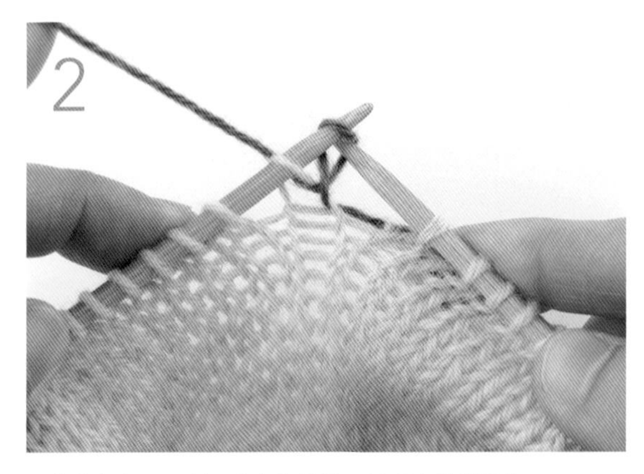

这样就起好了 1 针。从起好的针目里再次挂线挑出。

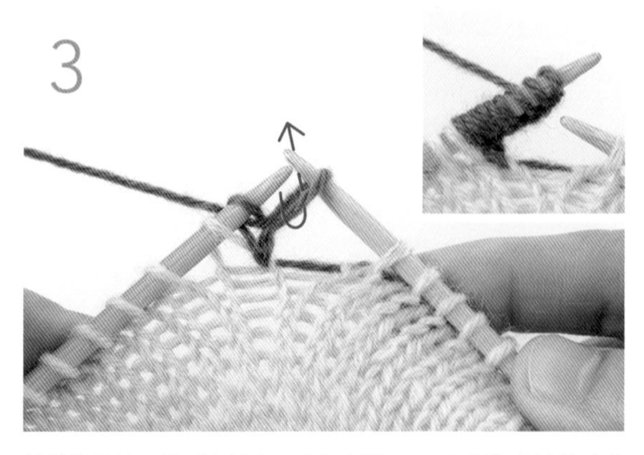

将挑出的针目挂到左针上。重复步骤 2、3 起好指定针数（此处为 9 针）。

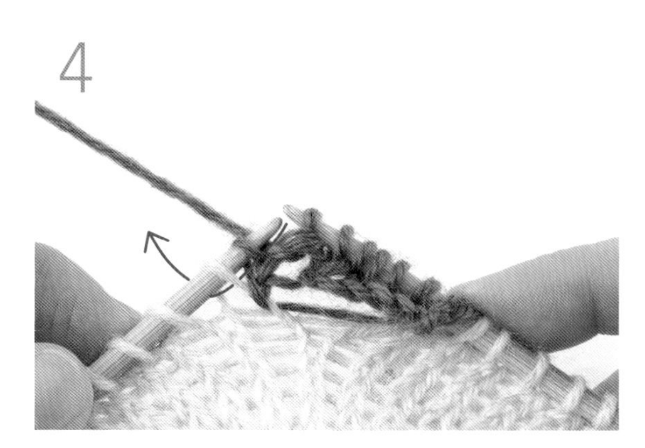

4

第 2 行，先按符号图编织了 8 针。接着如箭头所示，在边缘的 1 针以及围脖最后一行的针目里插入针。

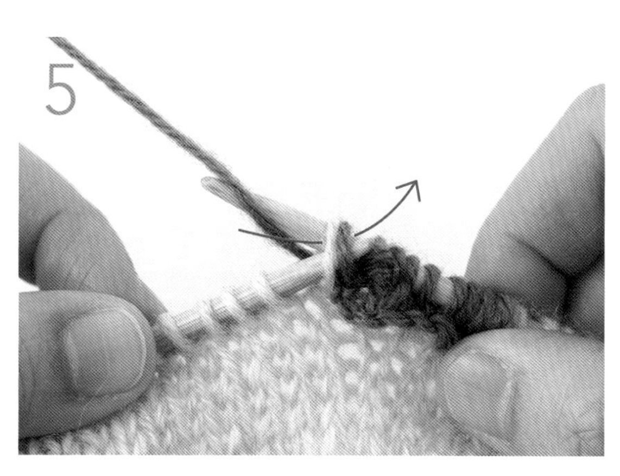

5

挂线后挑出，编织右上 2 针并 1 针。

6

围脖最后一行的针目与边缘的边针就连接在了一起。

7

将边缘翻至反面。边针滑过不织。

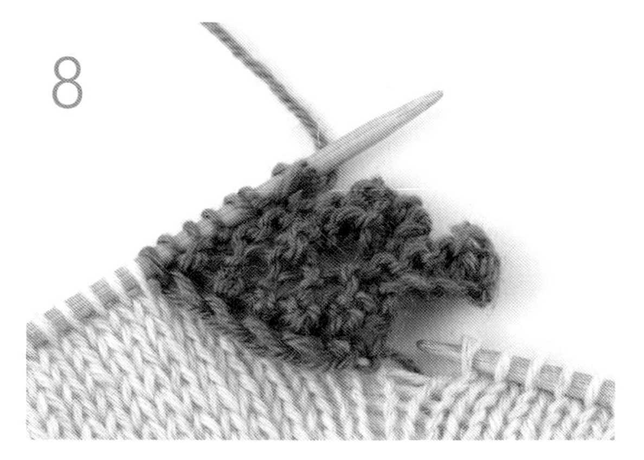

8

一边在围脖最后一行的针目与边缘的边针里编织 2 针并 1 针，一边按符号图继续编织。

9

最后将收针的起点和终点的针目做下针无缝缝合。

※ 实际操作时，将渡线拉至看不见针脚为止

step 6 花样的编织方法 Pattern Lesson

下面是作品中所用花样的重点教程。让我们一边看符号图，一边确认编织方法吧！

紫菀花样
Aster Stitch

※ 为了便于理解，图片中使用了不同颜色的毛线

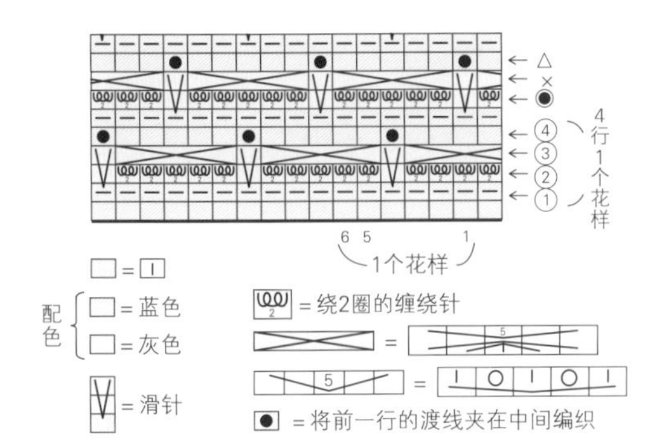

1

◉行，重复编织“1针滑针、5针绕2圈的缠绕针”。在滑针位置，如箭头所示插入右针移过针目。

编织成滑针。

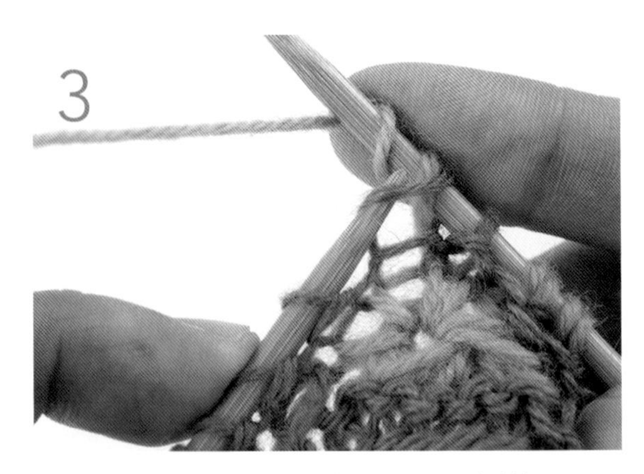

在下个针目里插入针，绕 2 圈线。(绕 2 圈的缠绕针)

编织 5 针的缠绕针。接着将下个针目编织成滑针。

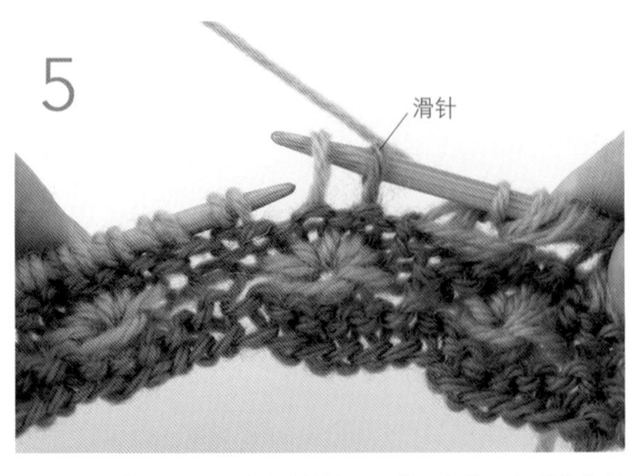

× 行，当前一行是滑针时继续编织滑针，当前一行是缠绕针时插入右针拉长针目。

6

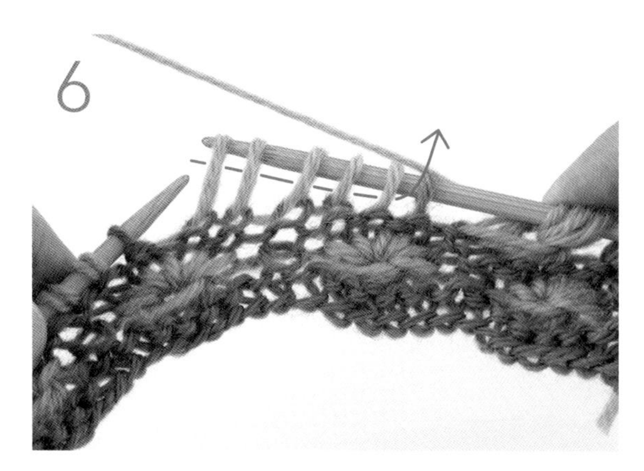

将 5 针缠绕针移至左针上。

7

如箭头所示，在 5 针里一起插入右针。

8

左针保持不动，在 5 针里编织“下针、挂针、下针、挂针、下针”后退出左针。

9

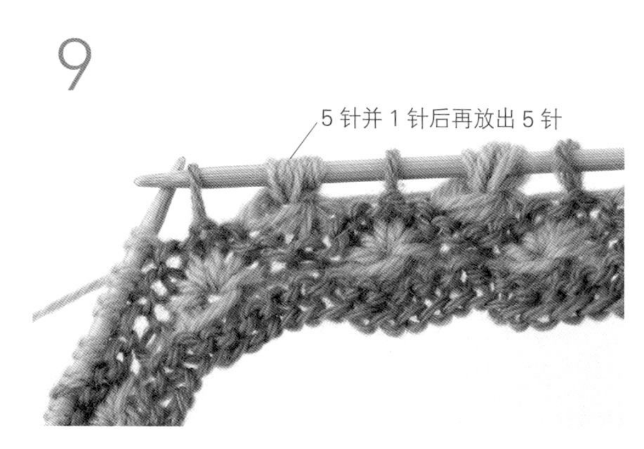

重复步骤 5~8 继续编织。

10

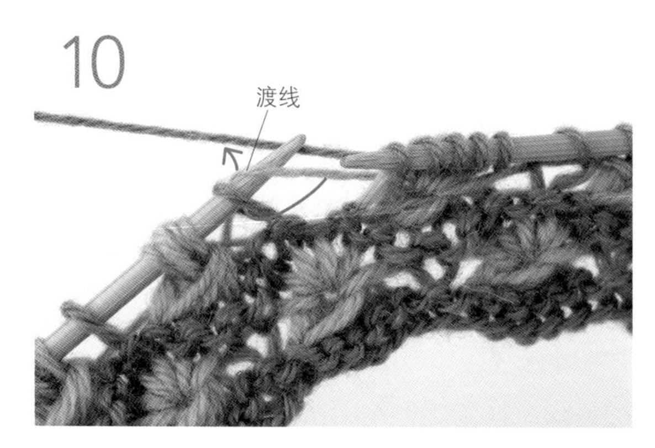

△行，将反面的渡线挑上来挂在左针上，与前一行的滑针一起编织。

11

将前一行的渡线夹在中间编织（符号图中的●）。紫菀花样就完成了。

扣眼花样

Button Hole Stitch

※ 为了便于理解，图片中使用了不同颜色的毛线

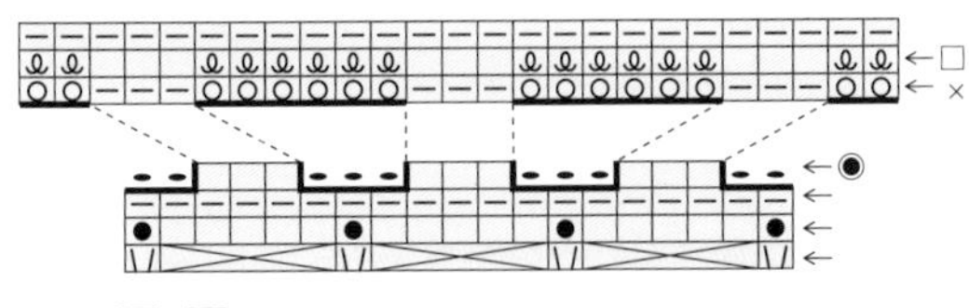

1

◉行，重复编织“3 针下针、3 针伏针”。

2

× 行，在伏针位置编织 6 针挂针。

3

□行，如箭头所示在前一行的挂针里插入针，编织扭针。

4

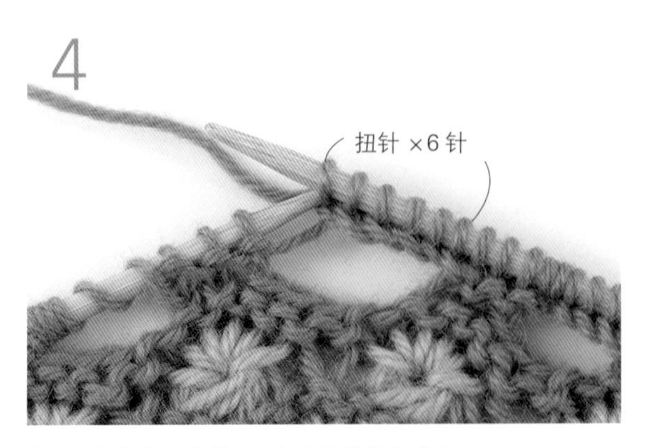

编织 6 针扭针后的样子。扣眼花样就完成了。

漏针罗纹花样

Drop Rib

※ 为了便于理解，图片中使用了不同颜色的毛线

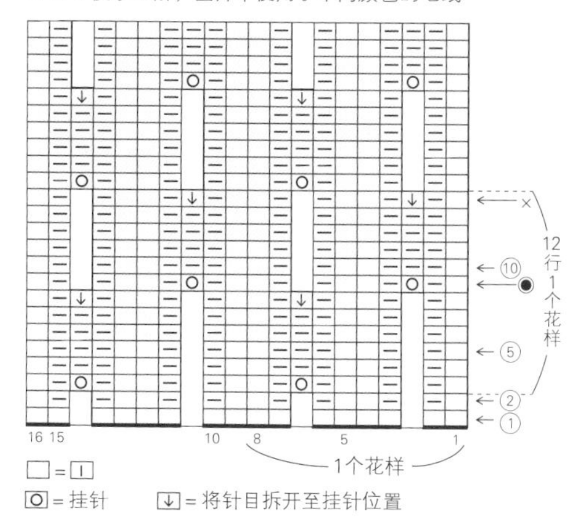

●行，在符号图的指定位置编织挂针。针目会增加。

2

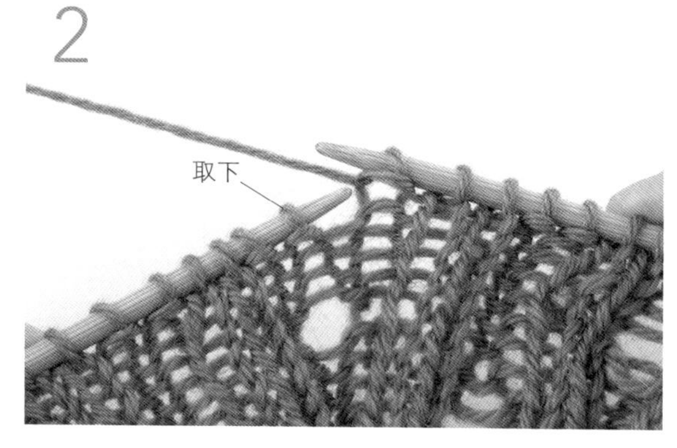

× 行，在↓位置从针上取下针目。

3

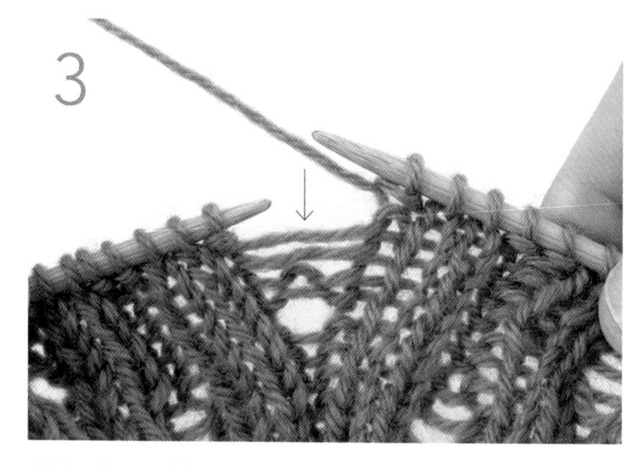

将针目拆开至●行。

4

漏针罗纹花样就完成了。直接编织下个针目。

色彩的搭配① Pattern Color Variation

下面是 p.23 / 作品 17 的不同配色

元宝针波纹花样

Wave Brioche

编织元宝针花样时，一开始需要做一些练习。练习时，最好使用容易拆解的毛线编织。这个花样乍一看好像很复杂，其实只要掌握了规律，就会想一直编织下去。配色线的颜色对比越强烈，呈现的效果越是精妙。除了色彩的搭配，也建议大家使用不同的线材编织。请多多尝试，编织出自己喜欢的元宝针作品吧！

使用线

上：芭贝 Princess Anny 米白色（547）×Lecce 橙色、黄色和蓝色混染（411）

中：芭贝 Princess Anny 炭灰色（519）× 浅蓝色（534）

下：芭贝 Princess Anny 炭棕色（561）×Kid Mohair Fine 灰米色（54）※ 取 2 根线合股编织

元宝针花样

Brioche Pattern

※ 为了便于理解，图片中使用了不同颜色的毛线

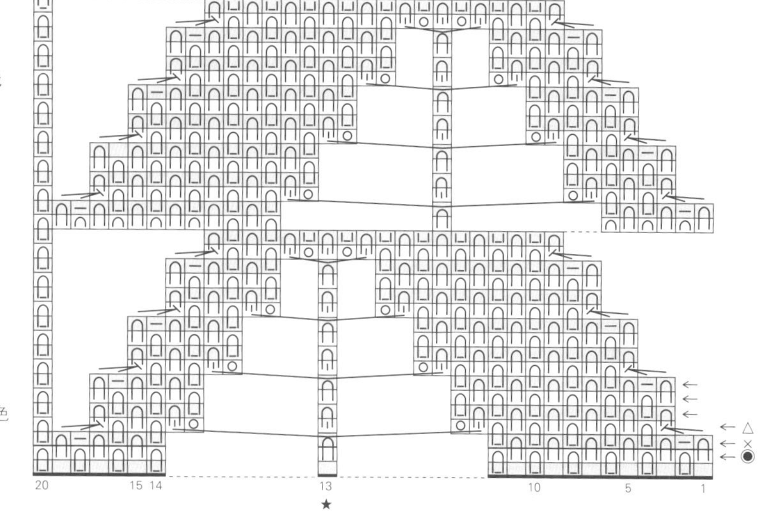

= 拉针

= 左上3针并1针

= 右上3针并1针

= 1针放5针的加针

=

配色 { = 灰色
　　 { = 原白色

1

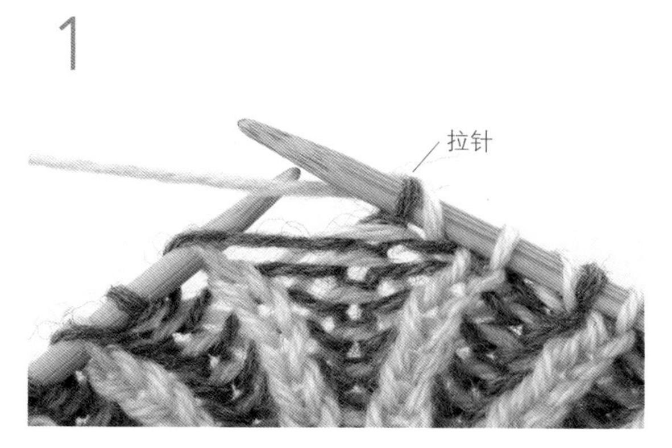

●行，用原白色线编织。上针时，编织拉针。

2

下针时，与前一行的拉针一起编织。

3

重复步骤 1、2 继续编织。

4

× 行，用灰色线编织。下针时，编织拉针。

5

上针时，与前一行的拉针一起编织。

6

每隔 1 行换色编织，正面凸显原白色花样，反面凸显灰色花样。

7

编织△行的左上 3 针并 1 针时，将针目①和②交换位置，使针目①位于前面。

8

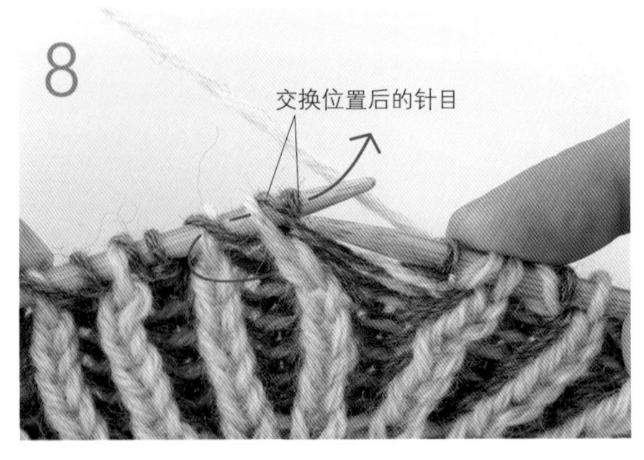

如箭头所示插入右针，一次性编织下针。

9

左上 3 针并 1 针就完成了。

10

在 p.51 符号图★位置的 1 针里编织“下针、挂针、下针、挂针、下针”。

11

退出左针。在★的 1 针里放出了 5 针。

12

编织△行的右上 3 针并 1 针时，以下针的入针方式在针目①里插入右针，从左针上取下。

13

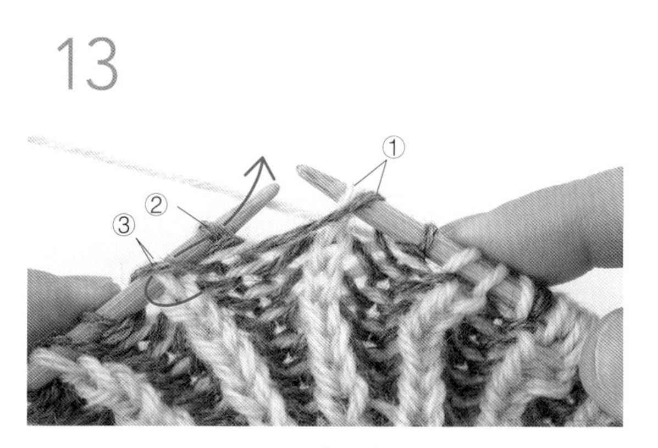

如箭头所示插入右针，在针目②和③里编织左上 2 针并 1 针。

14

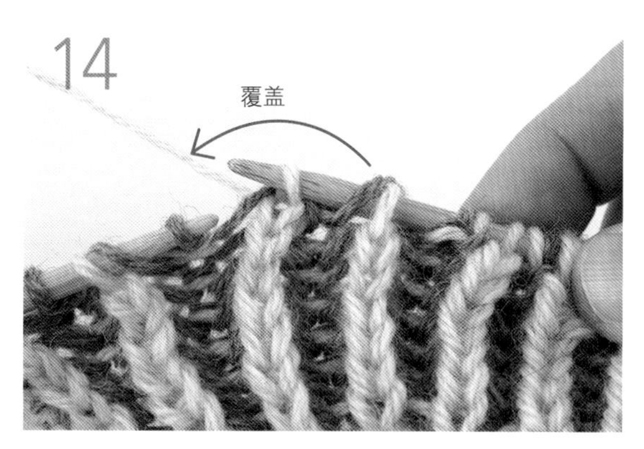

挑起针目①，将其覆盖在针目②和③编织左上 2 针并 1 针后的针目上。

15

右上 3 针并 1 针就完成了。

元宝针编织的罗纹逐渐呈现出有规律的波纹花样。

色彩的搭配② Pattern Color Variation

下面是 p.25 / 作品 18 和 19 的不同配色。

费尔岛配色花样
Fair Isle

这两款样片是用同一个符号图编织的，因为选择的颜色和配色方法不同，呈现的花样给人的感觉大相径庭，真是不可思议。为了使反面看上去也能整齐美观，注意渡线时不要交缠，松紧度要保持一致。

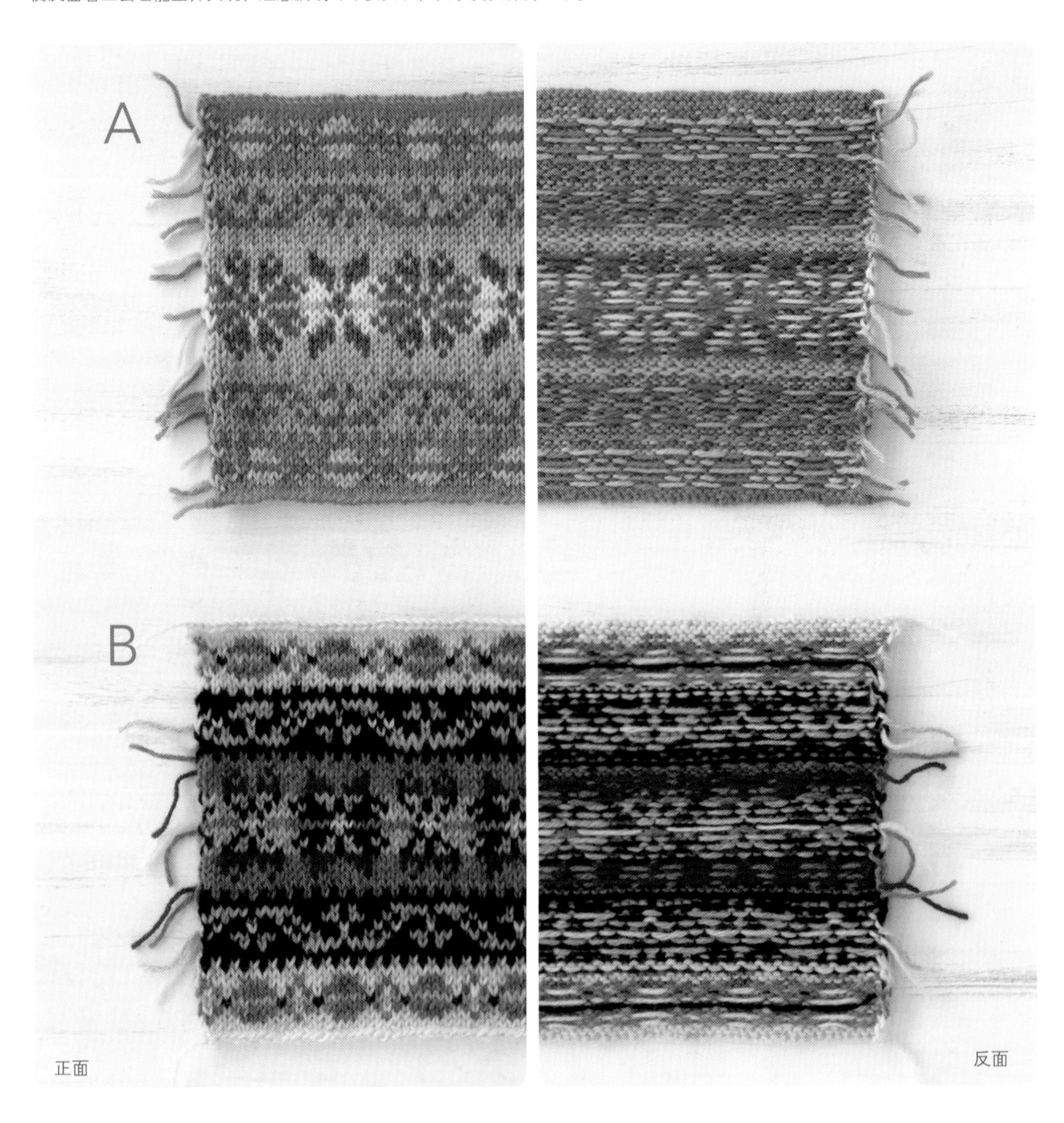

A：在明亮的蓝色系渐变色调中，富有朝气的粉红色仿佛呼之欲出，整体配色非常明快
B：在中性色调的黑白灰底色中加入少量红色加以点缀，整体配色精致典雅
使用线　和麻纳卡 Rich More Percent

符号图 A

□ = 丨

配色
- ▨ = 浅蓝色（22）
- ◉ = 蓝色（40）
- ▨ = 深蓝色（110）
- □ = 米白色（2）
- ▨ = 粉红色（72）
- ■ = 紫色（53）

符号图 B

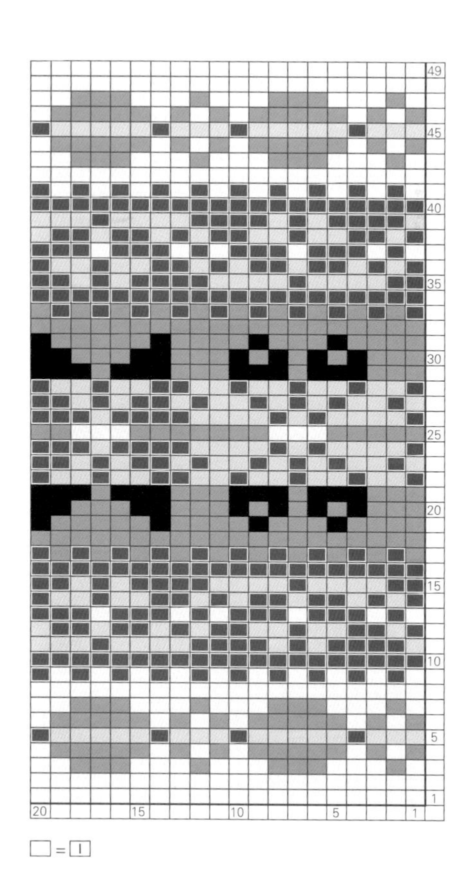

□ = 丨

配色
- □ = 浅灰米色（123）
- ▨ = 浅灰色（96）
- ▨ = 灰色（97）
- ■ = 黑色（90）
- ■ = 红色（75）

花样的变化① Pattern Variation

如果编织镂空花样，比起细腻华丽的蕾丝花样，更想推荐的是可以简单重复编织的、轻快的小花样。

镂空花样
Lacy Pattern

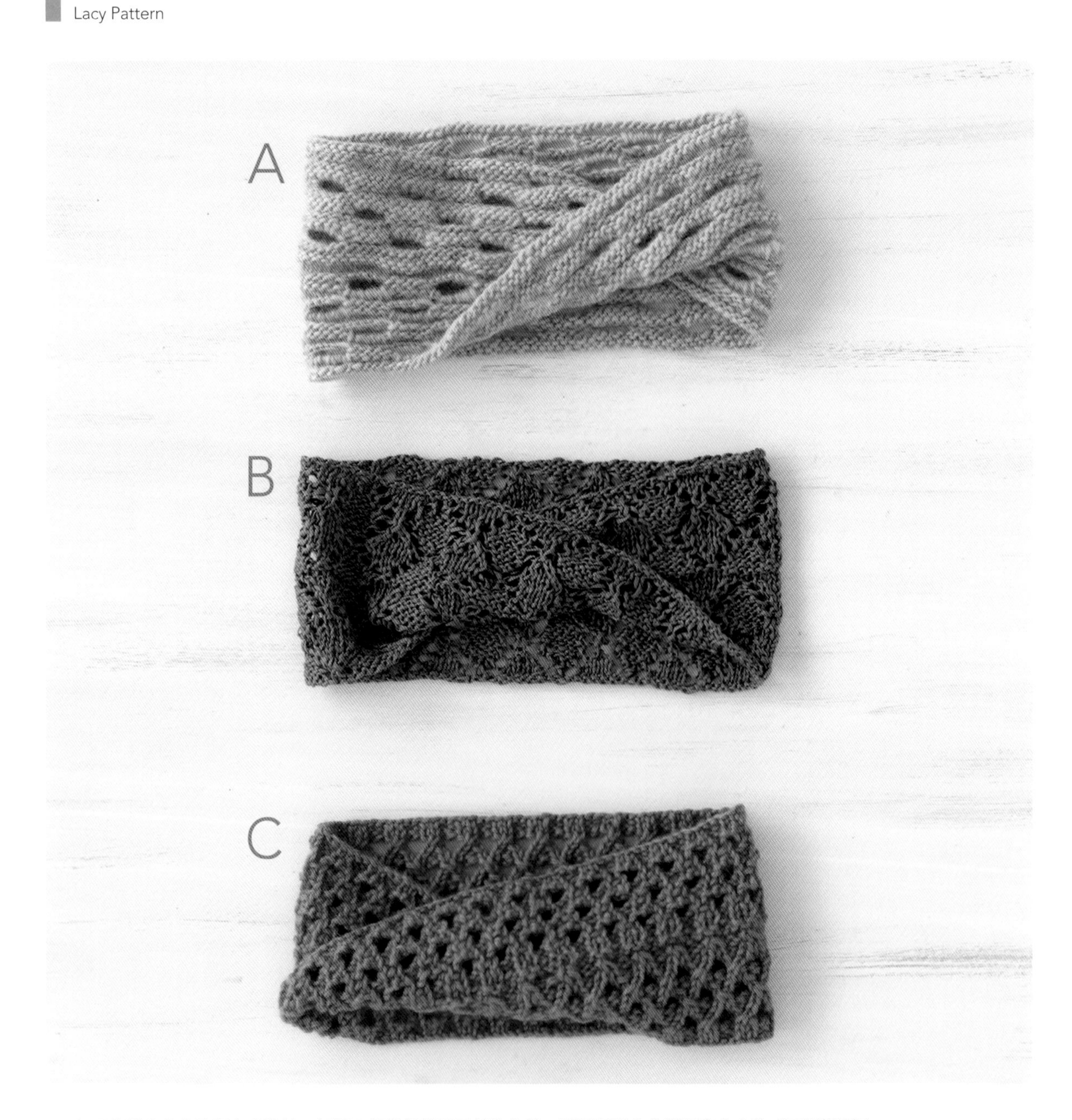

A：扣眼花样大大的孔眼十分独特。每隔 3 行重复编织下针和上针，最后呈现的花样既富有立体感又新颖别致
使用线　芭贝 Lecce 蓝色和粉红色混染（412）
B：用挂针和 2 针并 1 针将下针和上针的菱形图案相互错开。含 100% 棉的带子纱线给人清凉的感觉
使用线　芭贝 Arabis 灰蓝色（1704）
C：这是镂空花样和交叉针的组合，仿佛在竹篮花样中加入了三角形的小孔，真是耐人寻味的花样
使用线　和麻纳卡 Rich More Percent 孔雀绿色（34）

符号图 A

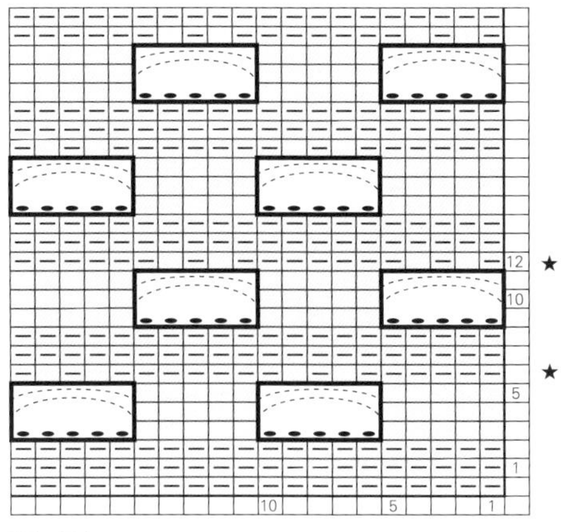

[ ] = [丨]

⌒ = 不编织，直接渡线（在★行将渡线夹在中间编织）

符号图 B

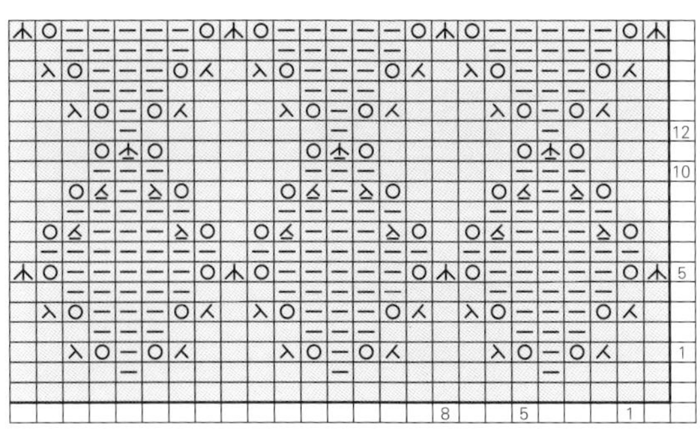

[ ] = [丨]
[人] = 左上2针并1针
[入] = 右上2针并1针
[O] = 挂针
[木] = 中上3针并1针
[入] = 上针的右上2针并1针
[人] = 上针的左上2针并1针
[木] = 上针的中上3针并1针

符号图 C

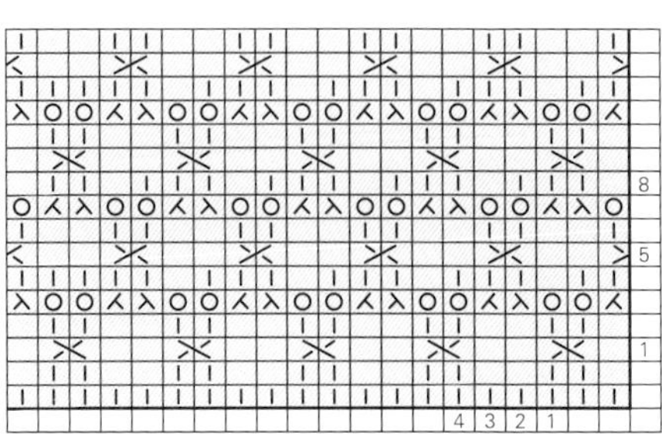

[ ] = [一]
[⋈] = 右上1针交叉
[⋈] = 左上1针交叉
[人] = 左上2针并1针
[入] = 右上2针并1针
[O] = 挂针

花样的变化② Pattern Variation

由下针和上针组成的方块花样，正、反面并没有什么区别，但是加入滑针等针法后，效果就截然不同了。

几何花样
Geometric Pattern

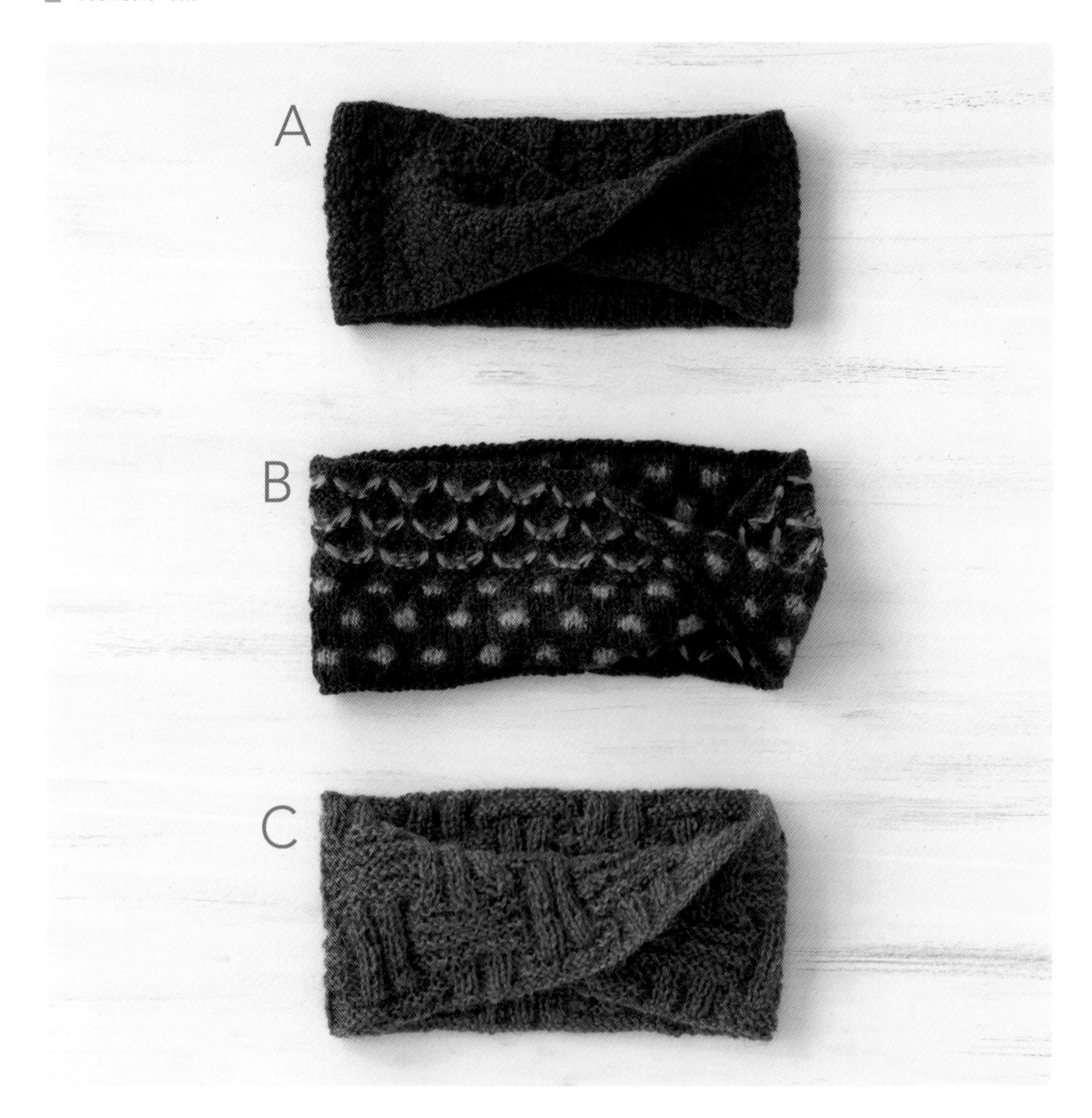

A：在下针和上针组成的小格纹花样中加入了铜钱花针法，是这款花样的亮点。花样中的四边形方块变得圆润了很多
使用线　和麻纳卡 Rich More Percent 砖红色（118）
B：根据符号图，正面是以上针为底的粉红色 V 字图案，反面是圆点图案。两种花样虽然完全不同，但是都非常漂亮
使用线　芭贝 Princess Anny 炭棕色（561）× Kid Mohair Fine 粉红色（5）※ 取 2 根线合股编织
C：这个花样由双罗纹针和 2 行上针 2 行下针的起伏针组成。为了使起针行上下两侧的花样相互错开，请按奇数的花样数量起针
使用线　芭贝 British Fine 芥末黄色（065）

符号图 A

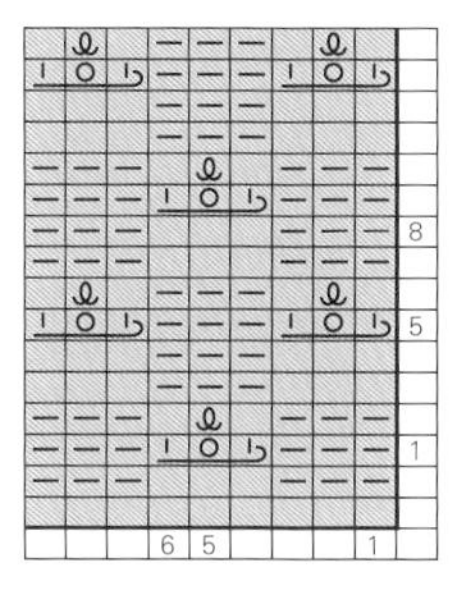

▨ = 丨

丨O७ = 穿过左针的盖针（铜钱花）

⍜ = 扭针

符号图 B

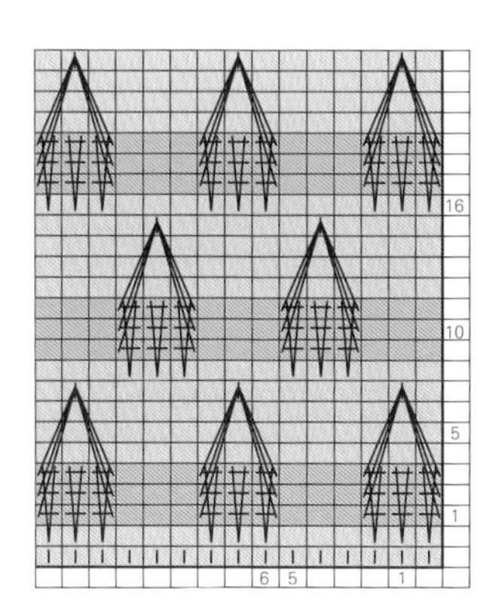

▨ ▩ = −

▩ = 粉红色

▨ = 炭棕色

∀ = 浮针

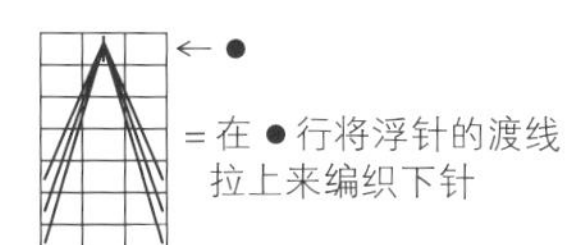

符号图 C

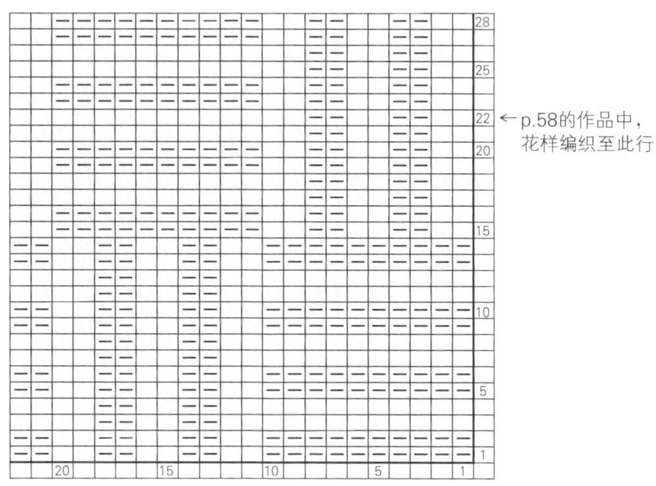

□ = 丨

花样的变化③ Pattern Variation

由于边缘部分需要翻转织物的正、反面进行往返编织，所以在莫比乌斯织物上编织边缘时，最好选择以没有正、反面之分的起伏针为主的花样。

边缘花样
Edging

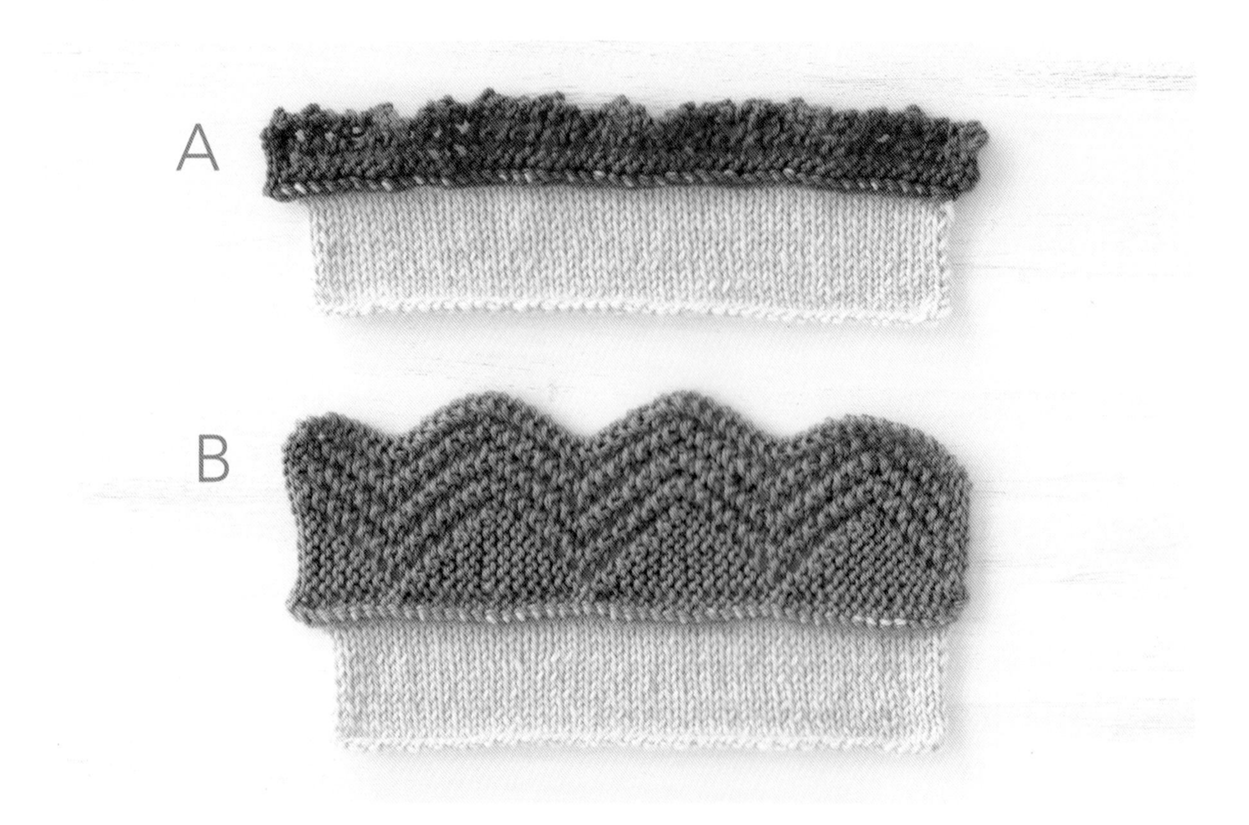

A：窄幅边缘（Narrow Edging）适用于任何作品，是由梯状镂空花样和小褶边构成的边缘

B：锯齿形边缘（Vandyke Edging）宽大的锯齿形波纹边缘，编织起来很有成就感

使用线　和麻纳卡 Rich More Percent ／边缘收针法 p.44

符号图 A

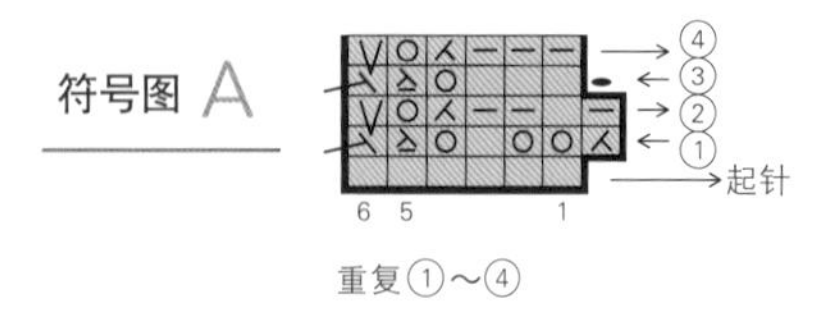

重复①～④

符号图 B

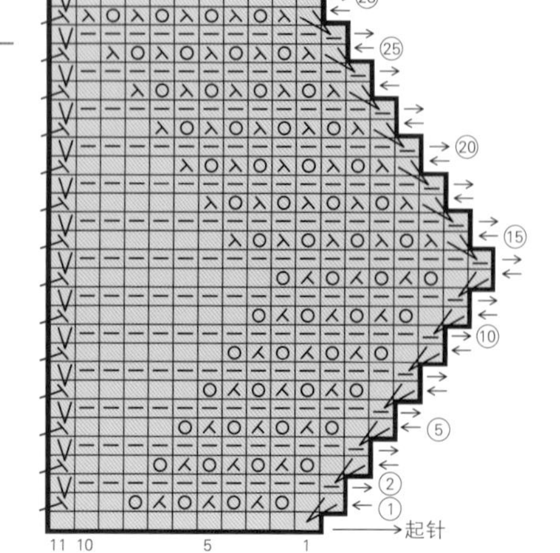

重复①～㉘

□ = ［I］

⊟ = 上针

入 = 右上2针并1针

入 = 左上2针并1针（从反面编织时，编织上针的左上2针并1针）

V = 滑针

• = 伏针收针

入 = 上针的右上2针并1针

○ = 挂针

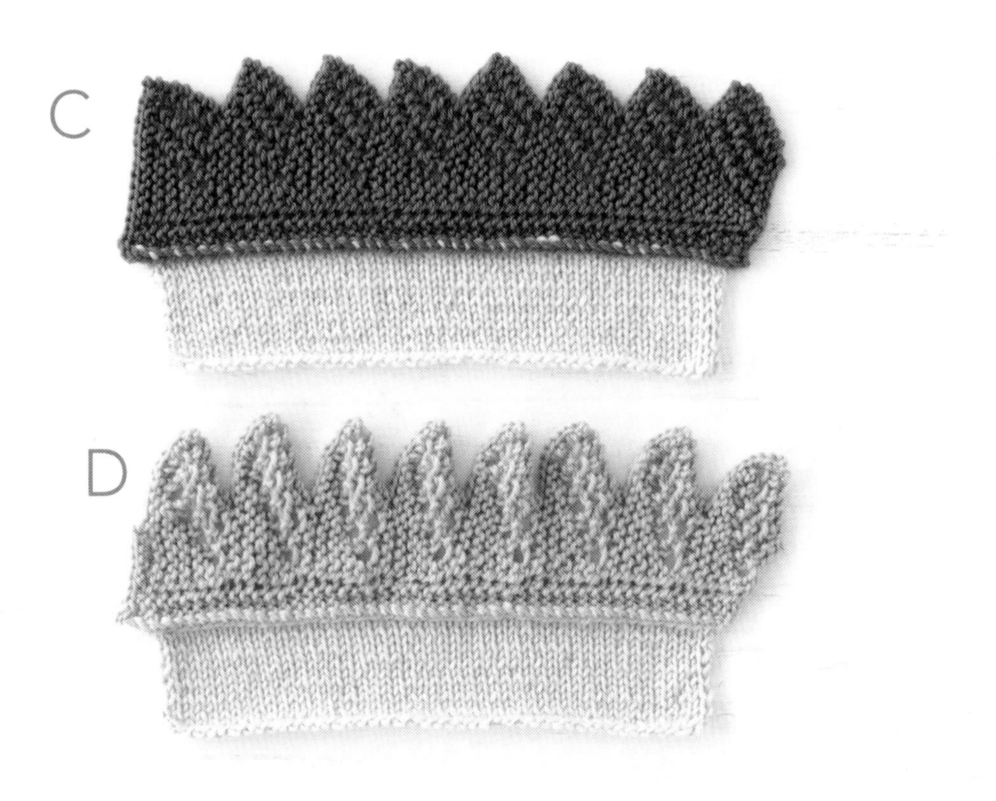

C：烙铁花样的蕾丝边缘（Brand Iron Lace Edging）是整齐匀称的锯齿形边缘

D：橡叶花样的边缘（Oak Leaf Edging）缺口比较深，尖尖的褶边令人印象深刻

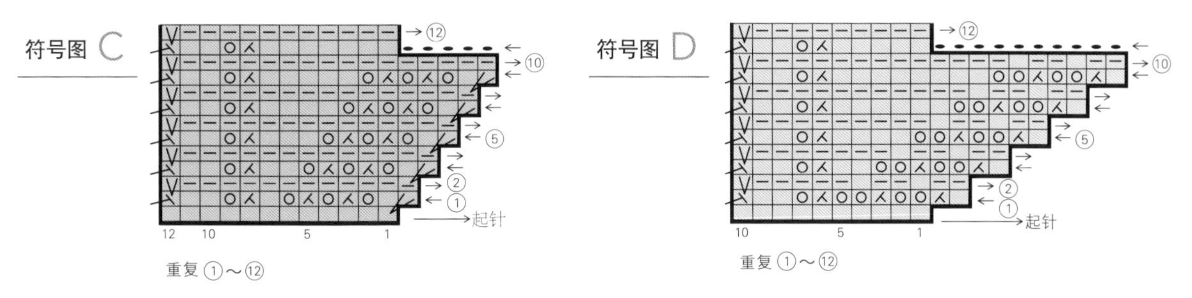

□ = [I]

[–] = 上针

[入] = 右上2针并1针

[人] = 左上2针并1针

[V] = 滑针

• = 伏针收针

[O] = 挂针

本书使用线材一览〈实物大小〉

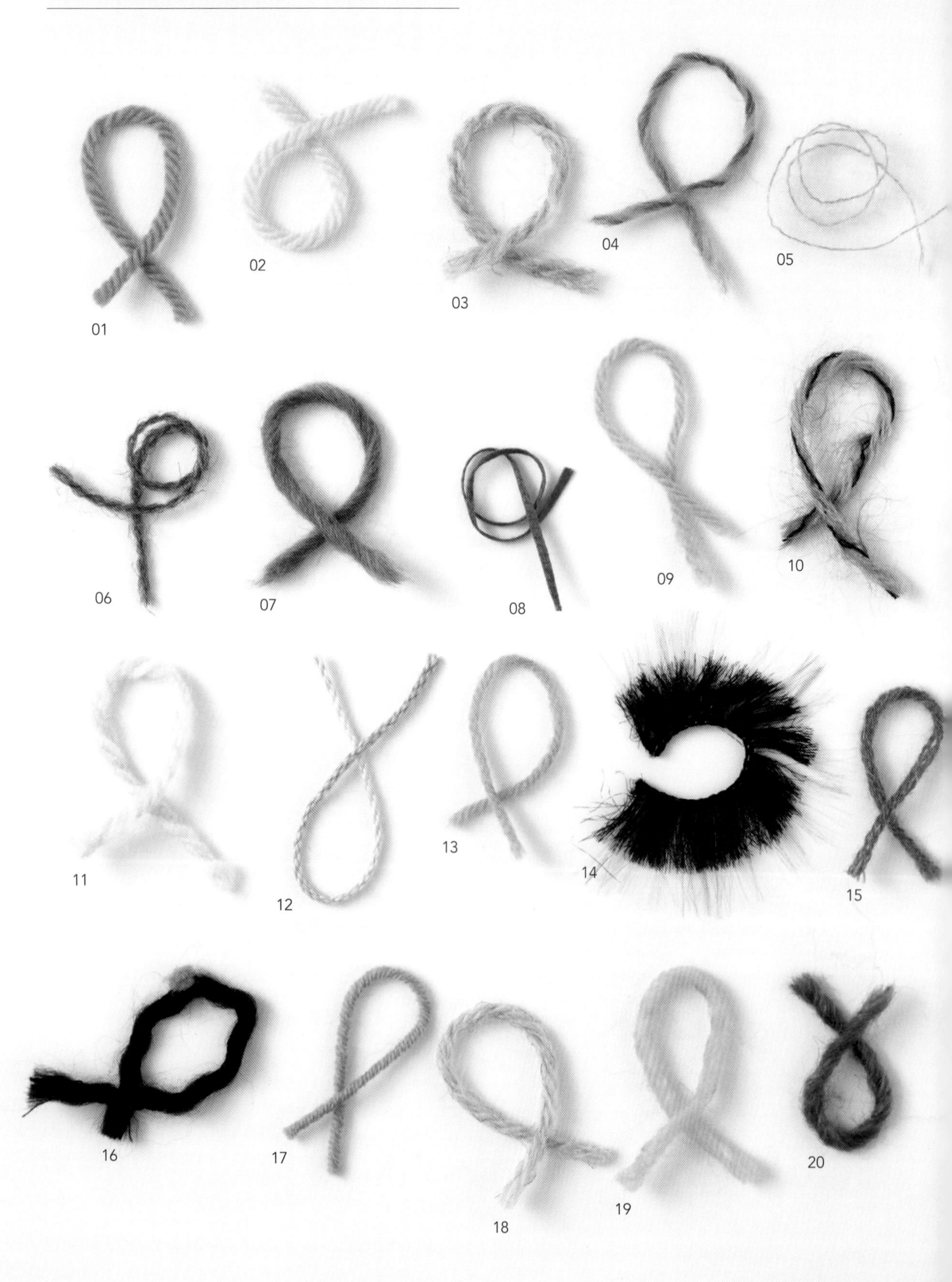

	线名	成分	规格	线长	线的粗细	使用针号
01	芭贝 Princess Anny	羊毛 100%（防缩加工）	40g/团	约112m	粗	5~7号
02	芭贝 Queen Anny	羊毛 100%	50g/团	约97m	中粗	6~7号
03	芭贝 British Eroika	羊毛 100%（含 50% 以上的英国羊毛）	50g/团	约83m	极粗	8~10号
04	芭贝 Lecce	羊毛 90%、马海毛 10%	40g/团	约160m	中细	4~6号
05	芭贝 Kid Mohair Fine	马海毛 79%（使用优质幼马海毛）、锦纶 21%	25g/团	约225m	极细	1~3号
06	芭贝 British Fine	羊毛 100%	25g/团	约116m	中细	3~5号
07	芭贝 Multico	羊毛 75%、马海毛 25%	40g/团	约80m	中粗	8~10号
08	芭贝 Arabis	棉 100%	40g/团	约165m	中细	4~6号
09	和麻纳卡 Rich More Percent	羊毛 100%	40g/团	约120 m	粗	5~7号
10	和麻纳卡 Rich More Bacara Epoch	羊驼绒 33%、羊毛 33%、马海毛 24%、锦纶 10%	40g/团	约80m	中粗	7~8号
11	和麻纳卡 Aran Tweed	羊毛 90%、羊驼绒 10%	40g/团	约82m	中粗	8~10号
12	和麻纳卡 Wash Cotton（段染）	棉 64%、涤纶 36%	40g/团	约102m	中粗	5~6号
13	和麻纳卡 Lantana	羊毛 100%	300g/团	约1200m	中细	3号
14	和麻纳卡 Lupo	人造丝 65%、涤纶 35%	40g/团	约38m	极粗	8~12号
15	DARUMA Airy Wool Alpaca	羊毛（美利奴羊毛）80%、羊驼绒（顶级幼羊驼绒）20%	30g/团	约100m	粗	5~7号
16	DARUMA Pom Pom Wool	羊毛 99%、涤纶 1%	30g/团	约42m	极粗	10~11号
17	SKI Tasmanian Polwarth	羊毛（塔斯马尼亚普罗旺斯羊毛）100%	40g/团	约134m	粗	4~6号
18	SKI UK Blend Melange	羊毛 100%（含 50% 的英国羊毛）	40g/团	约70m	极粗	8~10号
19	YANAGIYARN Bloom Melody	羊毛 80%、真丝 20%（手染）	50g/桄	约115m	中粗	6~8号
20	YANAGIYARN Bloom	羊毛 80%、真丝 20%	50g/桄	约115m	中粗	6~8号

作品的编织方法

18、19　费尔岛配色编织的披肩和帽子　Fair Isle

p.25

〈配色花样(披肩)〉

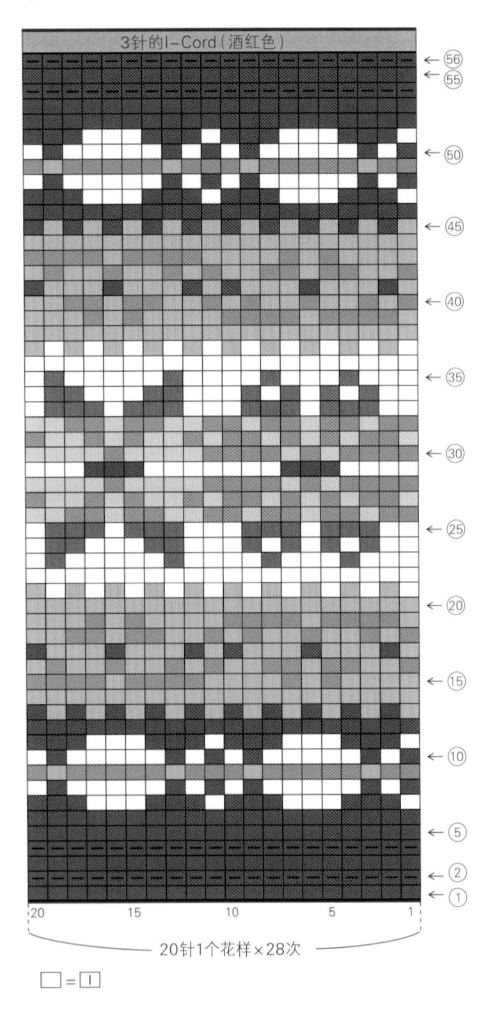

〈配色花样(帽子)〉

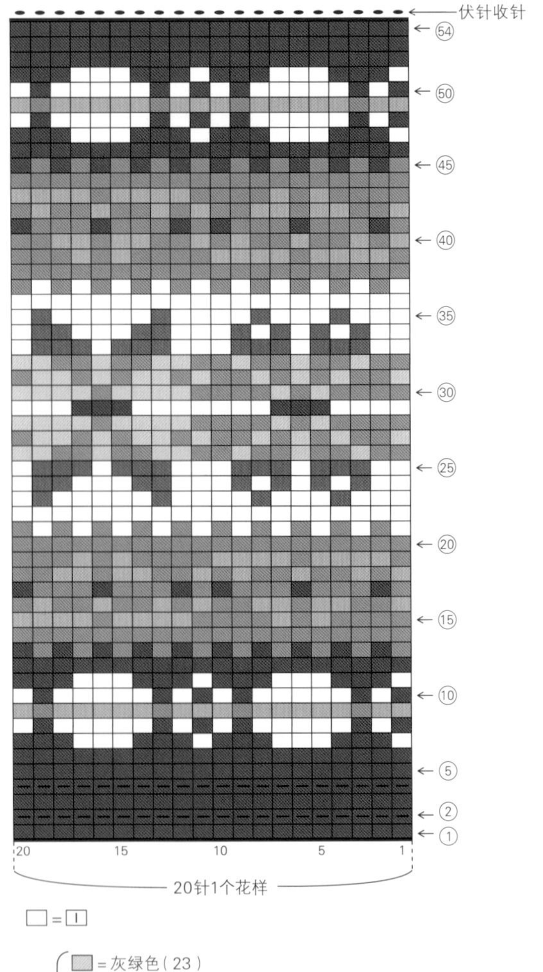

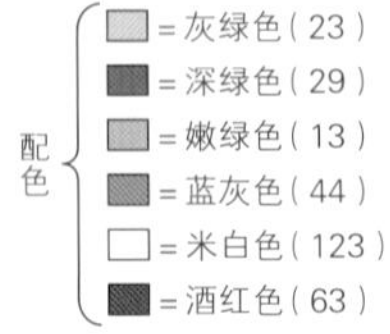

■材料

和麻纳卡 Rich More Percent〈披肩/帽子〉酒红色(63)65g/20g，蓝灰色(44)35g/15g，米白色(123)55g/15g，嫩绿色(13)45g/10g，灰绿色(23)、深绿色(29)各15g/各少量

工具　〈披肩〉环针(120~150cm)5号，棒针5号1根；〈帽子〉环针(40cm)5号

■成品尺寸

〈披肩〉宽37cm，周长110cm

〈帽子〉头围48cm，深17cm

■密度

10cm×10cm面积内：配色花样25针，32行

■编织方法

〈披肩〉在环针和棒针上各起280针，一共起560针后开始编织。参照符号图，从第1行开始编织所有针目至56行。结束时休针，然后做3针的I-Cord收针(参照p.38)。

〈帽子〉用手指挂线起针法起120针，参照符号图按配色花样编织至54行。在下一行留出帽顶的32针，将其余针目做伏针收针。帽顶部分往返编织30行，结束时做伏针收针。最后参照组合方法做引拔接合。

〈披肩〉

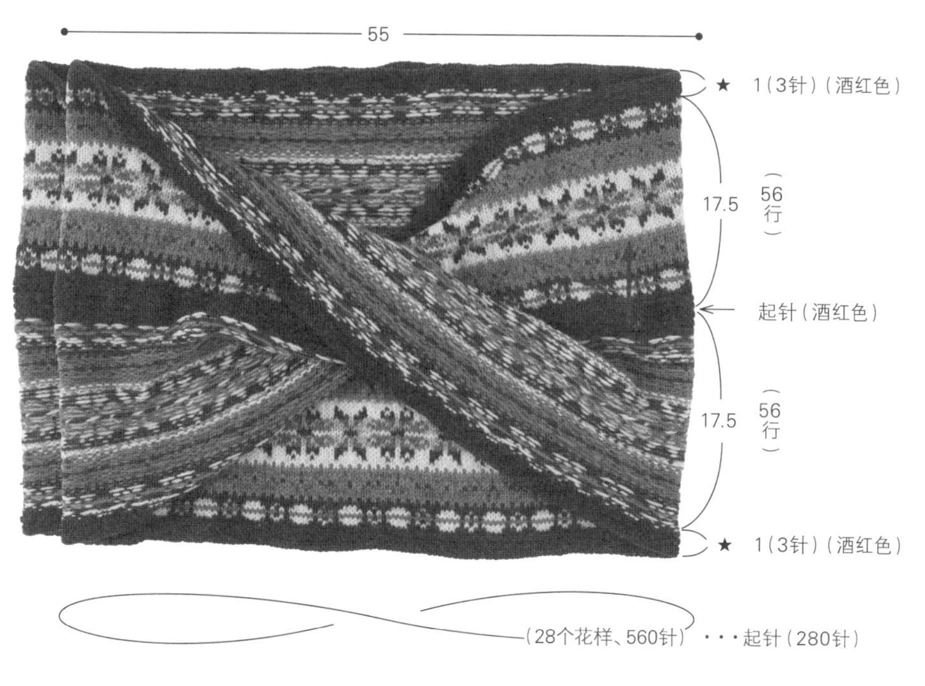

★编织终点参照p.38做I-Cord收针

〈帽子〉

〈组合方法〉

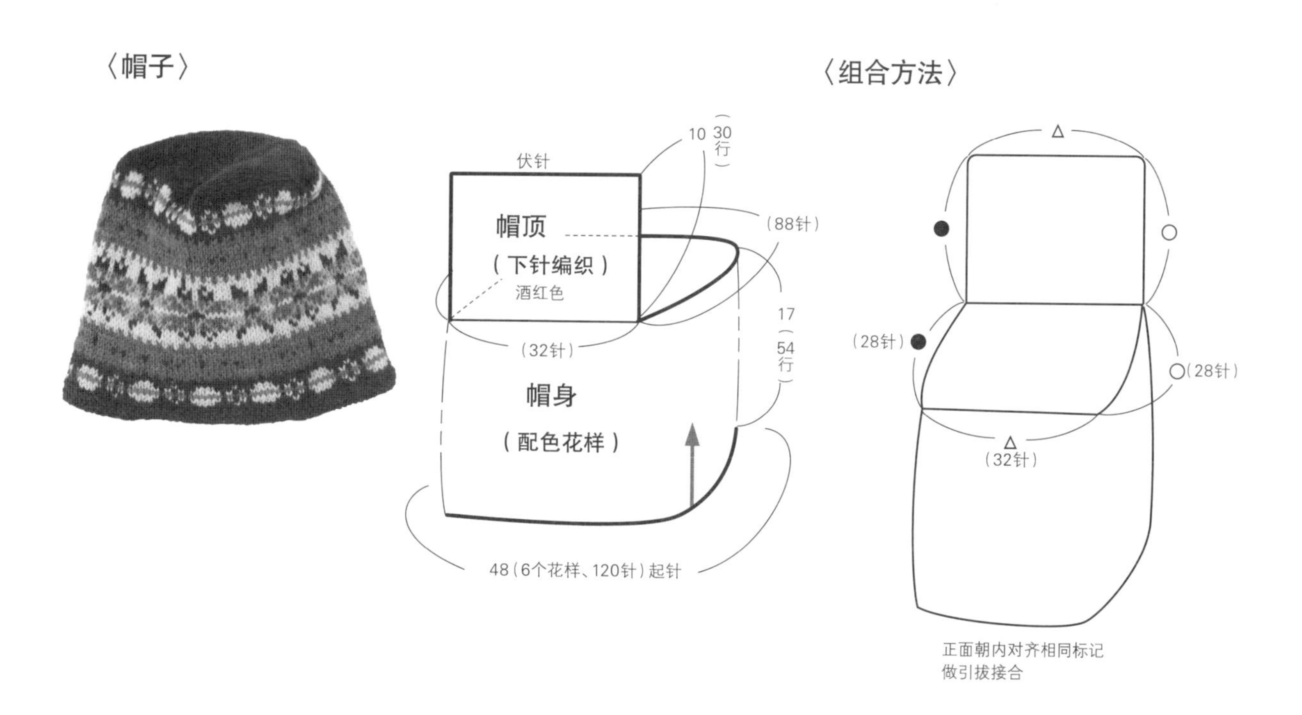

正面朝内对齐相同标记
做引拔接合

2 蕾丝罗纹花样披肩 Lace Rib

p.9

〈编织花样〉

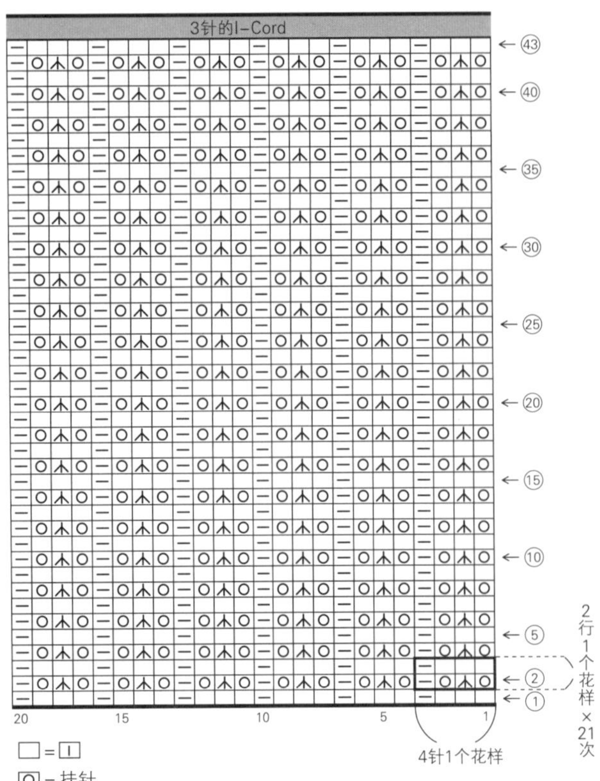

48
★ 1.5（3针）
20（43行）
起针
20（43行）
★ 1.5（3针）
（100个花样、400针）・・・起针（200针）

★编织终点参照p.38做I-Cord收针

木 中上3针并1针

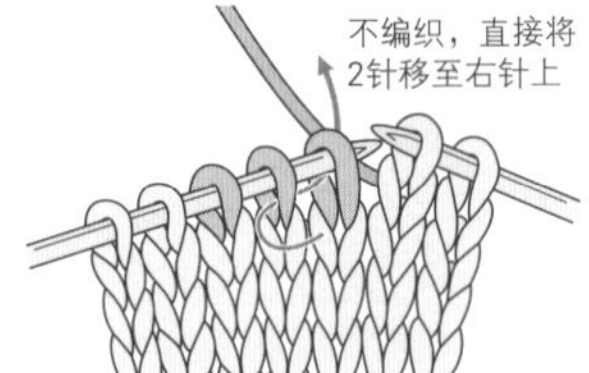

❶ 如箭头所示在2针里插入针，不编织，直接移过针目。

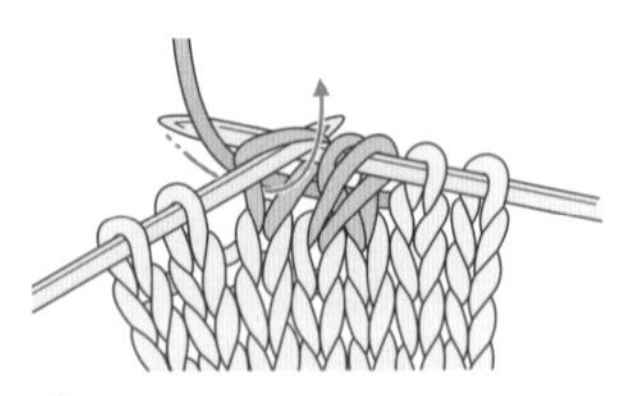

❷ 在第3针里插入针，编织下针。

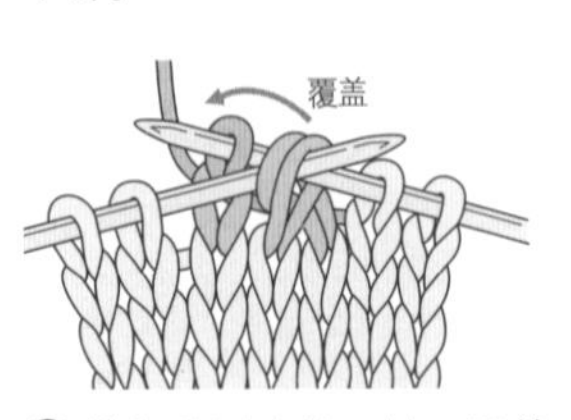

❸ 挑起移过去的2针，覆盖在步骤❷中编织的针目上。

❹ 中上3针并1针就完成了。

○ 挂针

❶ 在右针上从前往后挂线。

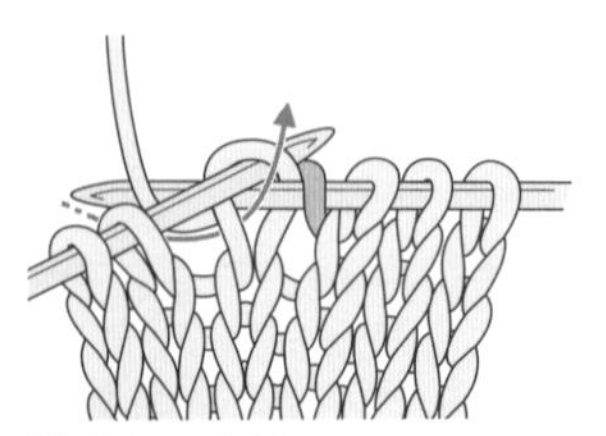

❷ 编织下个针目。

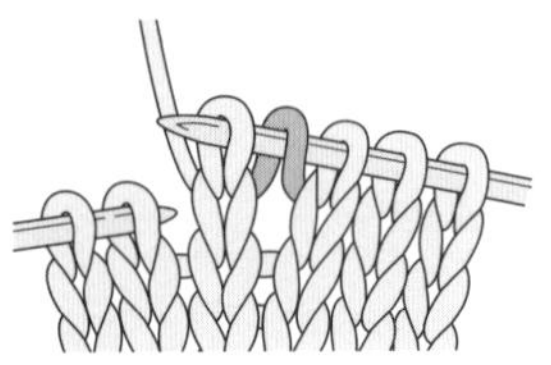

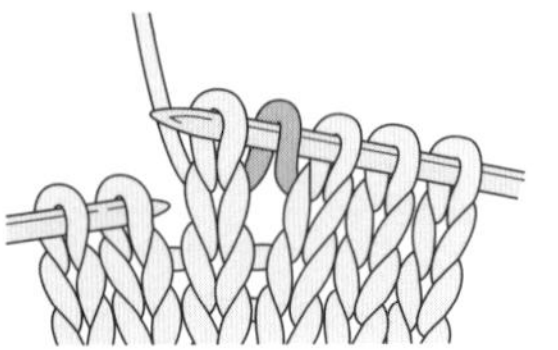

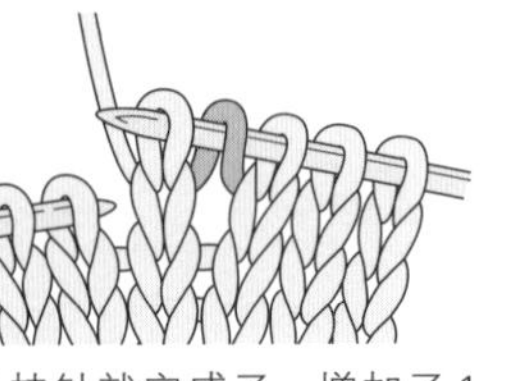

❸ 挂针就完成了。增加了1针。

■材料

芭贝 British Eroika 薄荷绿色（202）285g

工具　环针（100~120cm）10号，棒针10号1根

■成品尺寸

宽43cm，周长96cm

■密度

10cm×10cm面积内：编织花样19针，21.5行

■编织方法

在环针和棒针上各起200针，一共起400针后开始编织。参照符号图，从编织花样的第1行开始编织所有针目（400针）至43行。结束时做3针的I-Cord收针（参照p.38）。

3 厚实的错位罗纹花样围脖 p.10

Mistake Rib

4、5 柔美的错位罗纹花样围脖 p.11

Mistake Rib

〈3 编织花样〉

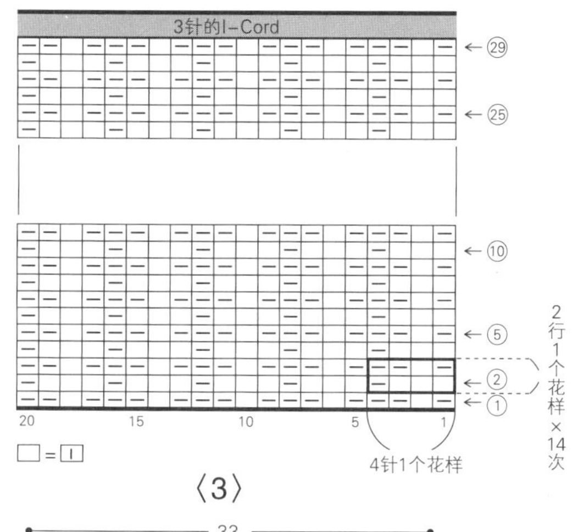

〈4、5 编织花样〉

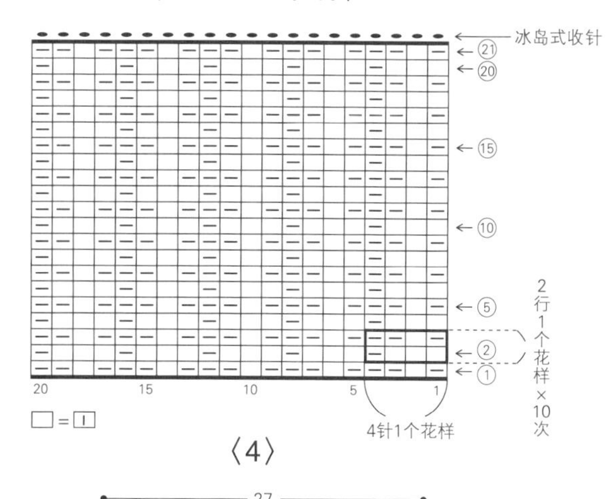

〈3〉

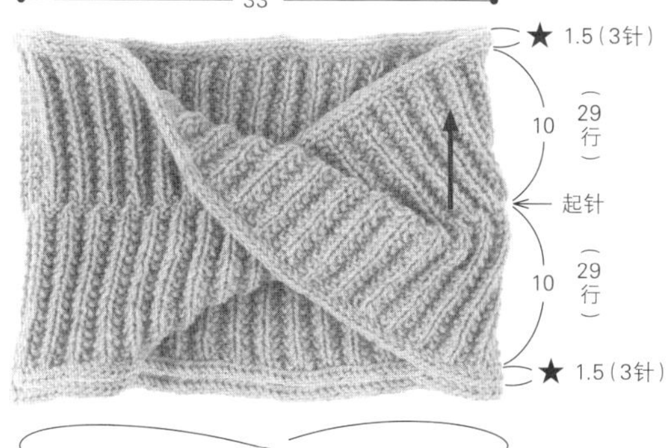

★编织终点参照p.38做I-Cord收针

〈4〉

※编织终点参照p.36做冰岛式收针

〈5〉

〈3〉

■材料

芭贝 British Eroika 粉红色（180）130g

工具　环针（80~100cm）8 号，棒针 8 号 1 根

■成品尺寸

宽 23cm，周长 66cm

■密度

10cm×10cm 面积内：编织花样 21 针，29 行

■编织方法

在环针和棒针上各起 140 针，一共起 280 针后开始编织。从编织花样的第 1 行开始编织所有针目（280 针），参照符号图编织至 29 行。结束时做 3 针的 I-Cord 收针（参照 p.38）。

〈4、5〉

■材料

YANAGIYARN Bloom〈4〉粉红色（21）50g /〈5〉红色（17）95g

工具　环针（〈4〉80~100cm /〈5〉100~120cm）6 号，棒针 6 号 1 根

■成品尺寸

宽 14cm，周长〈4〉54cm /〈5〉110cm

■密度

编织花样 10cm 22 针，7cm 21 行

■编织方法

〈4〉在环针和棒针上各起120针，一共起240针后开始编织。

〈5〉在环针和棒针上各起240针，一共起480针后开始编织。

参照符号图，从编织花样的第1行开始编织至21行，结束时做冰岛式收针（参照p.36）。

6 渐变色凤尾花样围脖 Old Shale p.12 11 沙砾花样的儿童款围脖 Sand Stitch p.17

〈6 编织花样〉

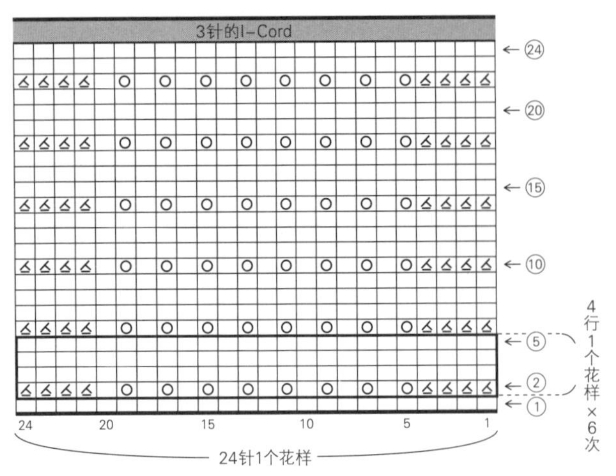

□=□
◺=上针的左上2针并1针
○=挂针

〈11 编织花样〉

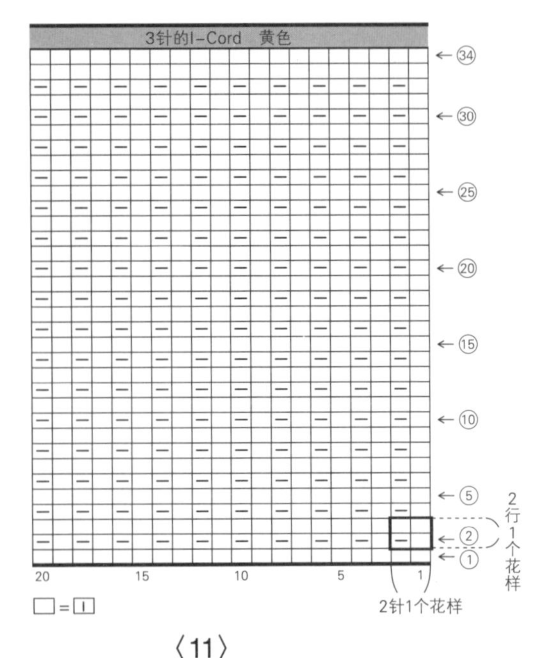

〈6〉

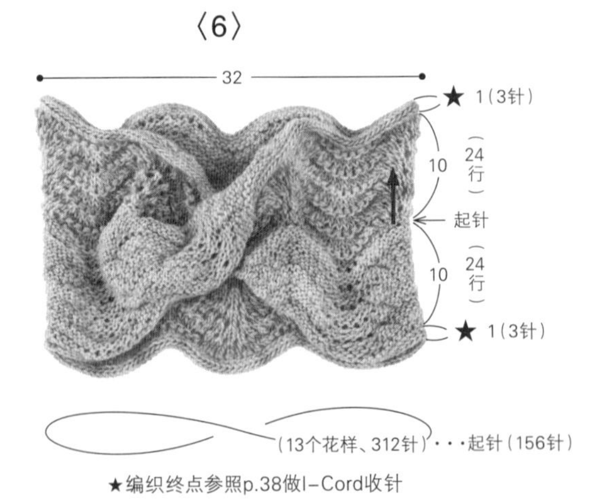

★编织终点参照p.38做I-Cord收针

〈11〉

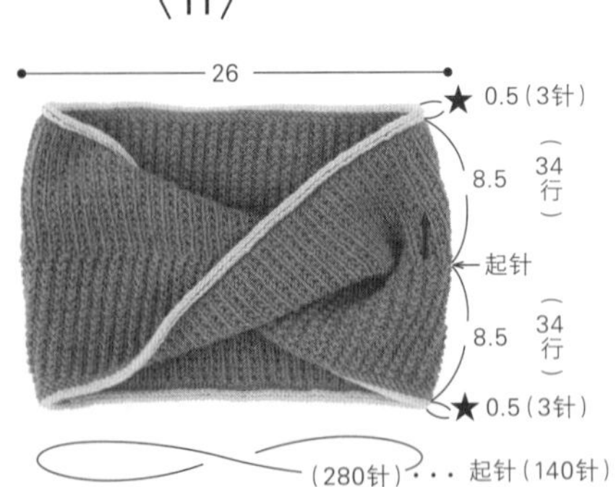

★编织终点参照p.38用黄色线做I-Cord收针
※除指定以外均用翠蓝色线编织

〈6〉

■材料

YANAGIYARN Bloom Melody 粉红色和黄绿色系段染（11）70g

工具　环针（80~100cm）6 号，棒针 6 号 1 根

■成品尺寸

宽 22cm，周长 64cm

■密度

10cm×10cm 面积内：编织花样 23 针，24 行

■编织方法

在环针和棒针上各起 156 针，一共起 312 针后开始编织。参照符号图，从编织花样的第 1 行开始编织所有针目（312 针）至 24 行。结束时做 3 针的 I-Cord 收针（参照 p.38）。

〈11〉

■材料

SKI Tasmanian Polwarth 翠蓝色（7009）45g，黄色（7007）5g

工具　环针（80~100cm）3 号，棒针 3 号 1 根

■成品尺寸

宽 18cm，周长 52cm

■密度

10cm×10cm 面积内：编织花样 27 针，40 行

■编织方法

在环针和棒针上各起 140 针，一共起 280 针后开始编织。参照符号图，从编织花样的第 1 行开始编织所有针目（280 针）至 34 行。结束时用黄色线做 3 针的 I-Cord 收针（参照 p.38）。

7 夏季线蕾丝花样围脖 Summer Lace

p.13

〈编织花样〉

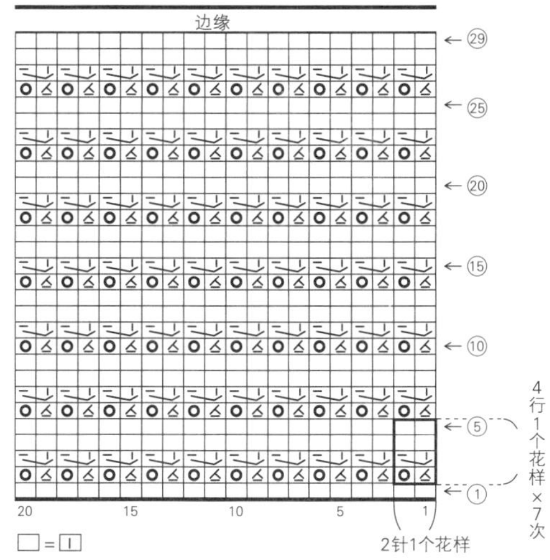

□ = Ｉ

= 上针的左上2针并1针

= 在下一行从针上取下

= 在1针里编织下针和上针

〈边缘〉

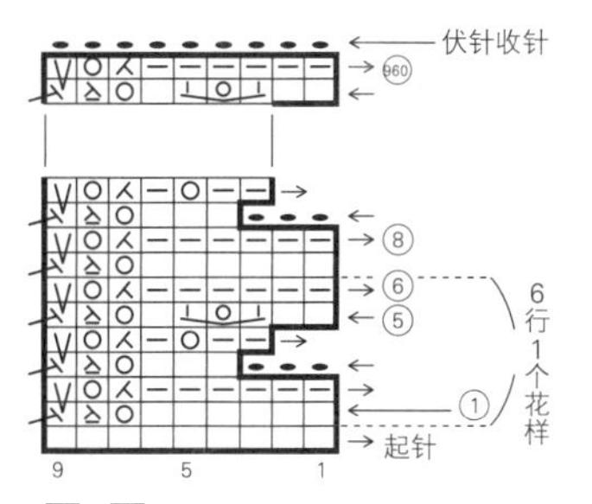

□ = Ｉ

= 滑针

= 挂针

= 左上2针并1针（从反面编织时，编织上针的左上2针并1针）

= 1针放3针的加针

= 上针的右上2针并1针

= 与主体第29行的针目编织右上2针并1针（呈扭针状态）

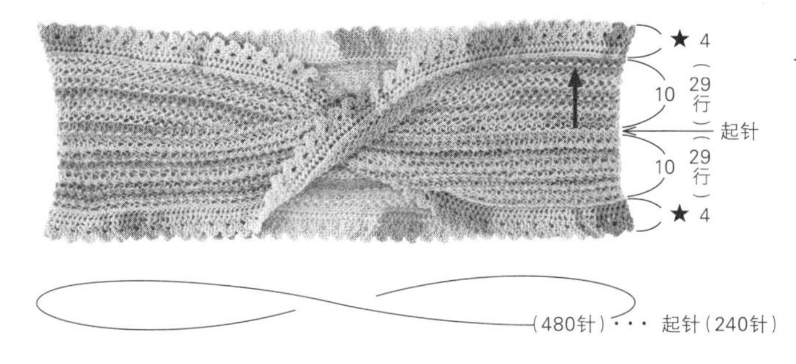

★参照p.44，一边编织边缘一边收针

※边缘部分一共编织（160个花样、960行）

■材料

和麻纳卡 Wash Cotton（段染）黄绿色系（305）185g

工具　环针（120~150cm）5号，棒针5号1根

■成品尺寸

宽28cm，周长130cm

■密度

10cm×10cm面积内：编织花样20针，25行

■编织方法

在环针和棒针上各起240针，一共起480针后开始编织。参照符号图，从编织花样的第1行开始编织所有针目（480针）至29行。边缘部分先起9针，参照符号图和p.44一边往返编织一边与主体做连接，结束时与边缘的编织起点做下针无缝缝合。

1针放3针的加针

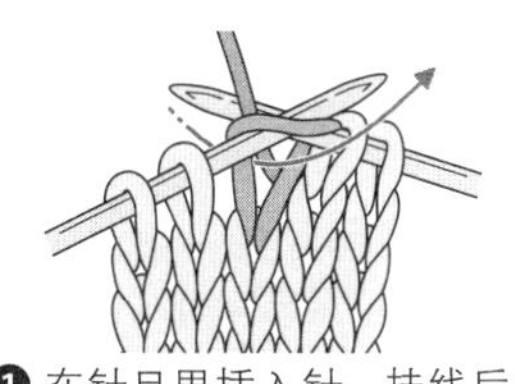

❶ 在针目里插入针，挂线后拉出。

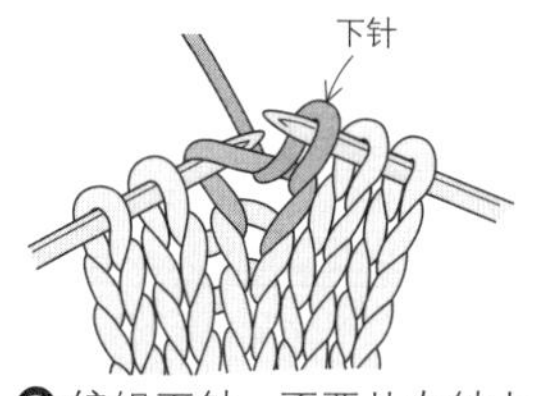

❷ 编织下针。不要从左针上取下针目。

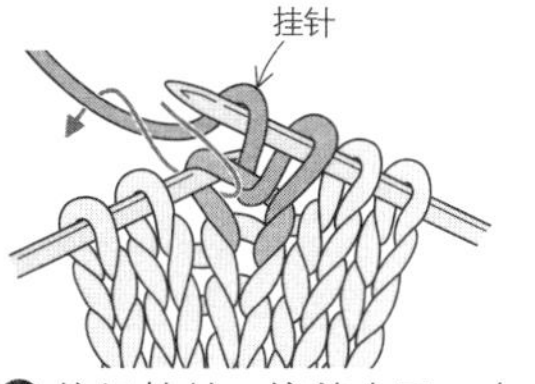

❸ 编织挂针，接着在同一个针目里插入右针编织下针。

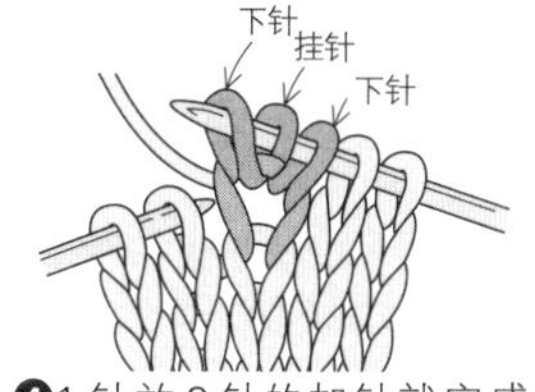

❹ 1针放3针的加针就完成了。

8、9 紫菀花样的发带和围脖 Aster Stitch

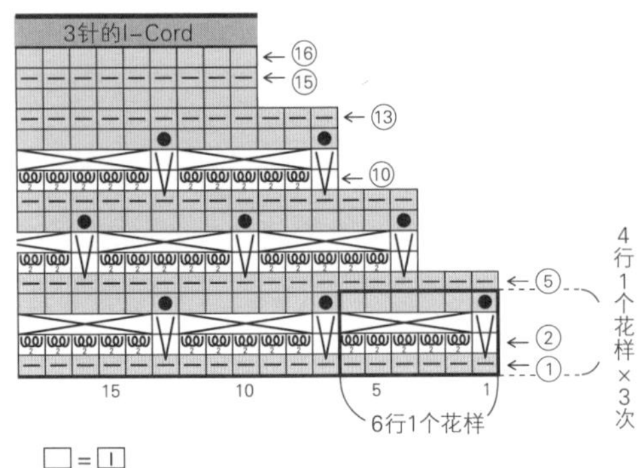

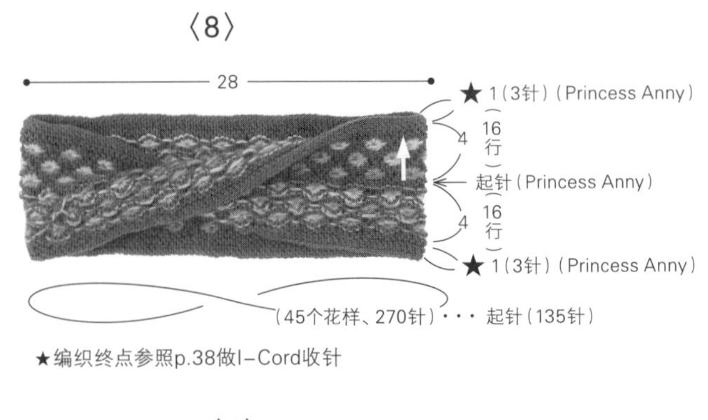

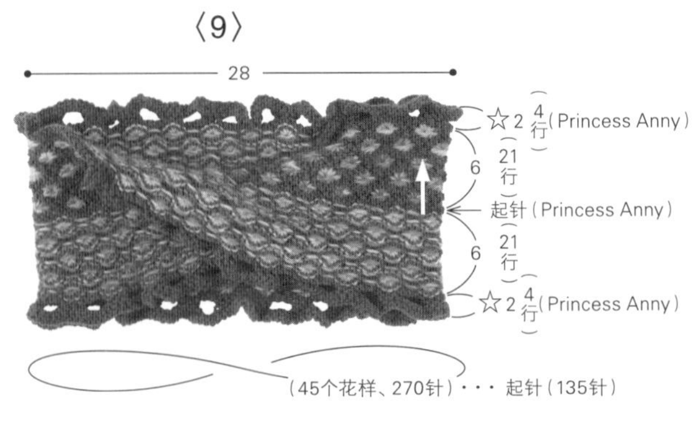

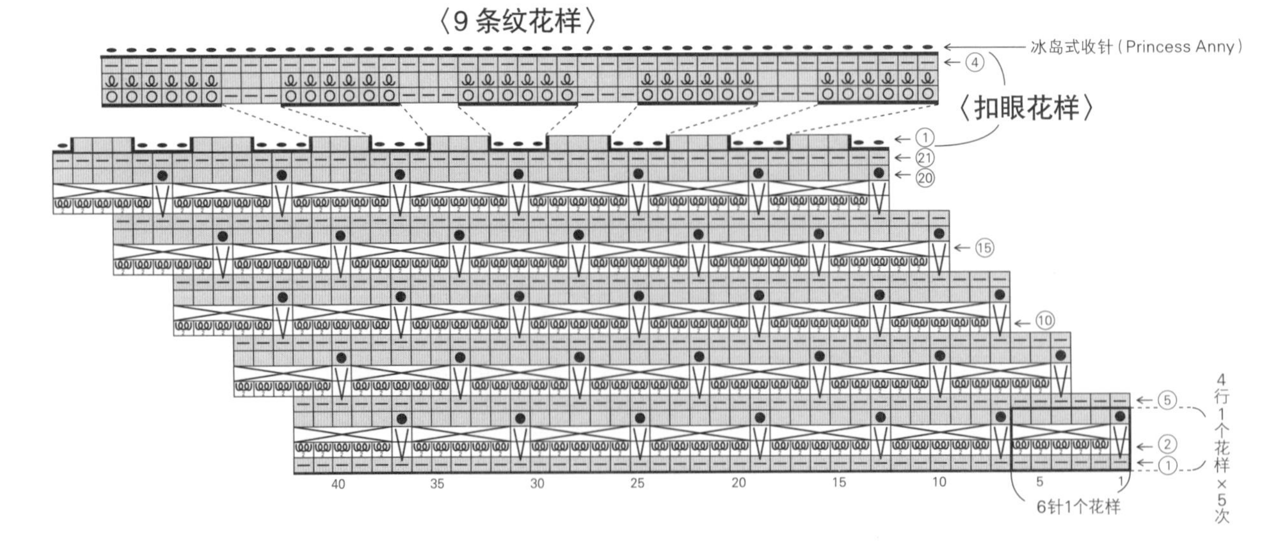

■材料

芭贝 Princess Anny 灰紫色（556）〈8〉25g／〈9〉35g，Lecce 橙色系段染（411）〈8〉10g／〈9〉15g

工具　环针（80~100cm）5号，棒针5号1根

■成品尺寸

宽〈8〉10cm／〈9〉16cm，周长56cm

■密度

条纹花样10cm 23针，〈8〉16行4cm／〈9〉21行6cm

■编织方法

在环针和棒针上各起135针，一共起270针后开始编织。从条纹花样的第1行开始编织所有针目(270针)。参照符号图和p.46编织指定行数。

〈8〉编织结束时做3针的I-Cord收针（参照p.38）。

〈9〉条纹花样完成后接着编织4行的扣眼花样（参照p.48）。编织结束时做冰岛式收针（参照p.36）。

10 浮针波纹配色花样围脖 Slip Wave

p.16

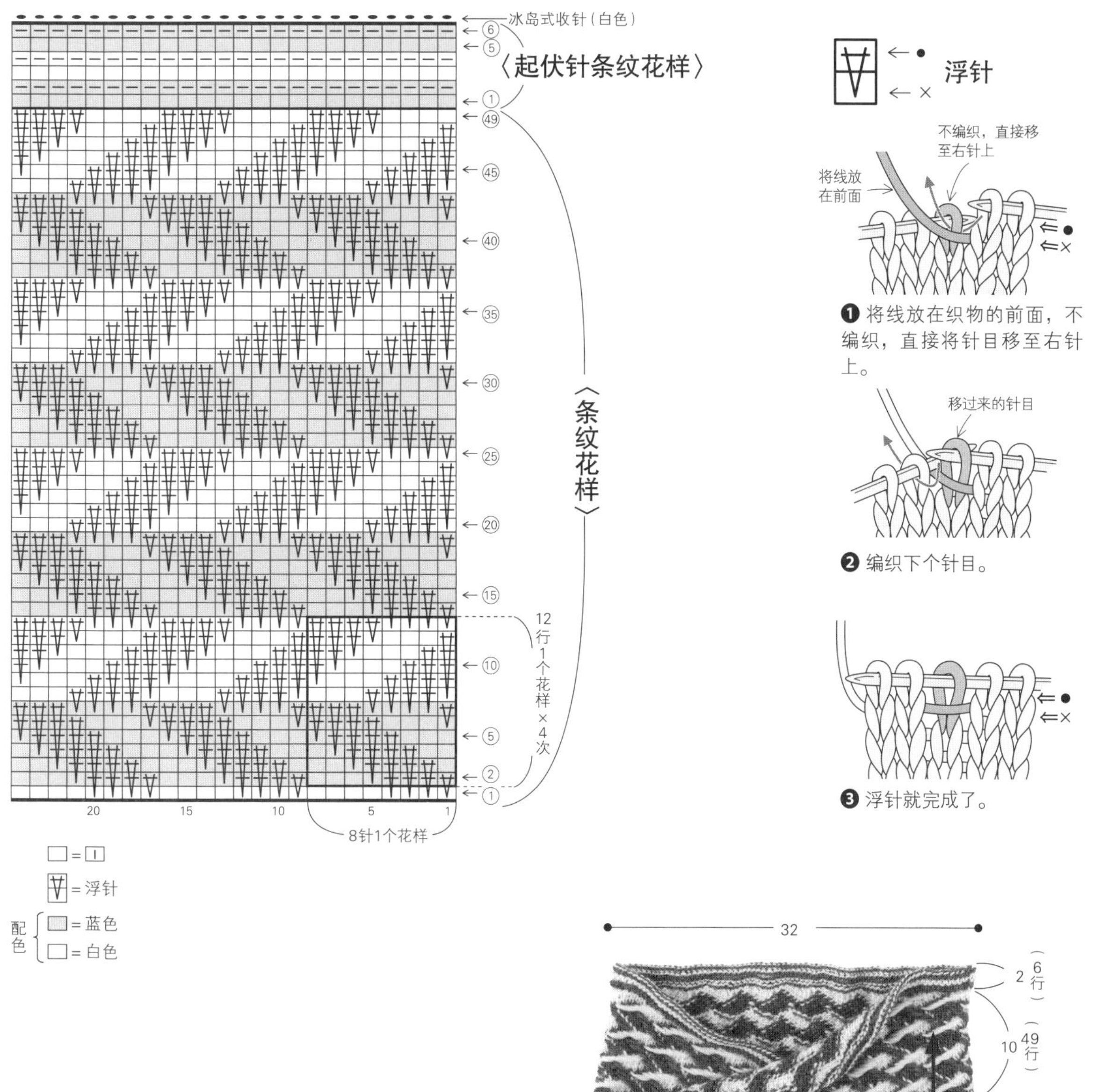

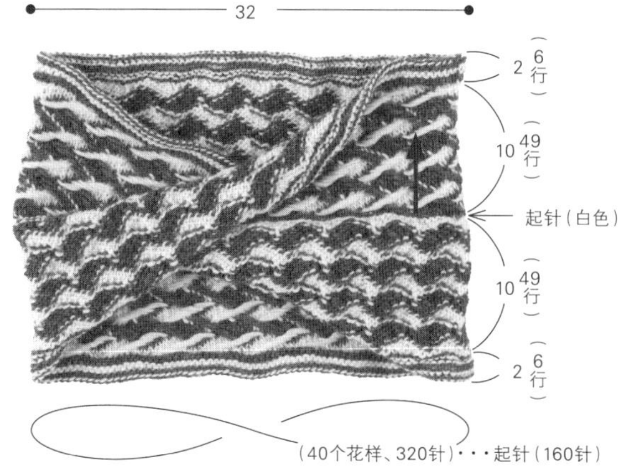

※编织终点参照p.36做冰岛式收针

■材料

YANAGIYARN Bloom 白色（1）50g，蓝色（11）50g

工具　环针（80~100cm）6号，棒针6号1根

■成品尺寸

宽24cm，周长64cm

■密度

10cm×10cm面积内：编织花样23针，49行

■编织方法

在环针和棒针上各起160针，一共起320针后开始编织。从条纹花样的第1行开始编织所有针目（320针），参照符号图一边配色一边编织至49行，接着编织起伏针条纹花样。结束时做冰岛式收针（参照p.36）。

12 海藻花样披肩 Seaweed

p.18

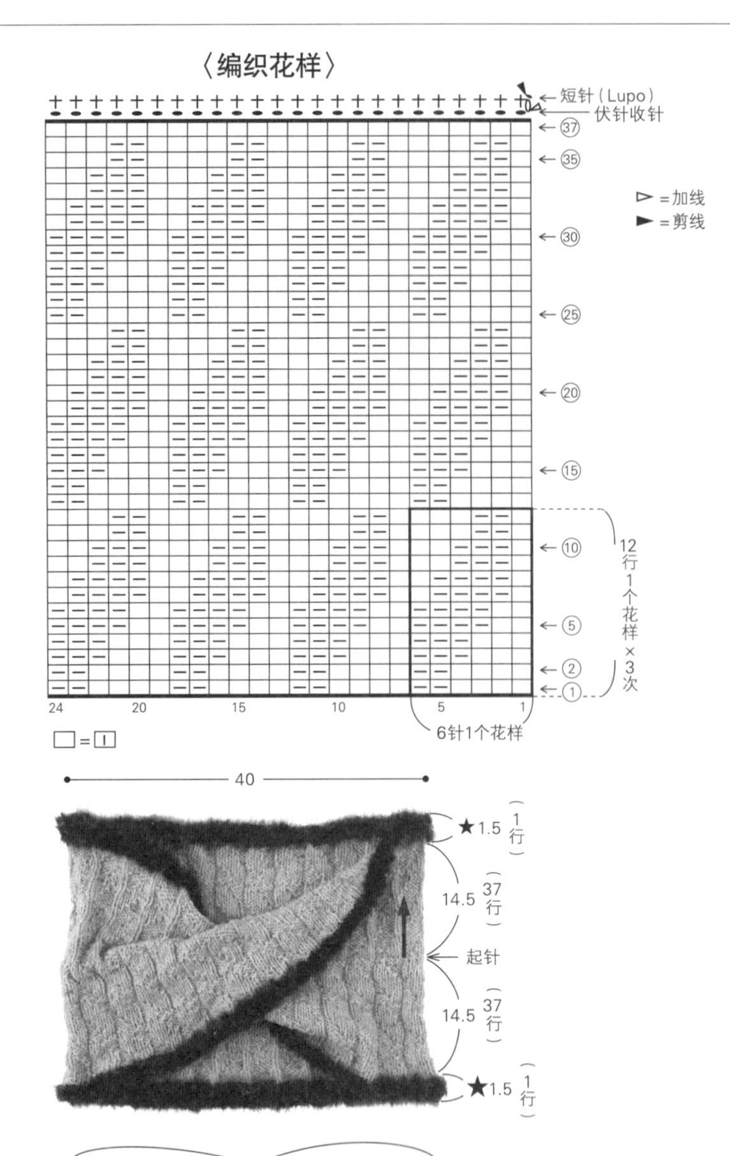

※除指定以外均用Aran Tweed线编织
★短针

十 短针

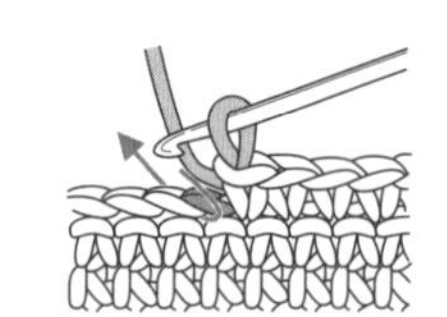

❶ 在前一行针目的头部插入钩针。

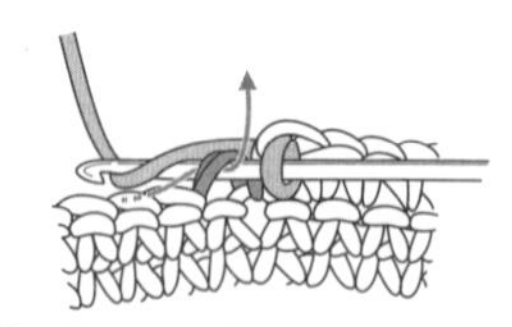

❷ 挂线后拉出。

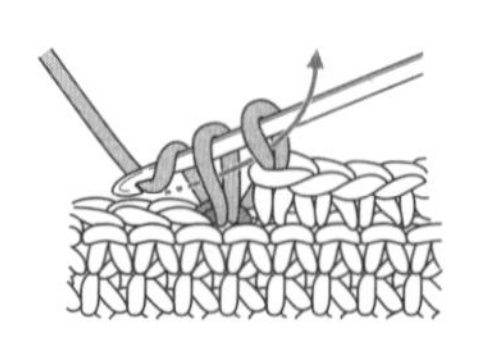

❸ 再次挂线，一次性引拔穿过2个线圈。

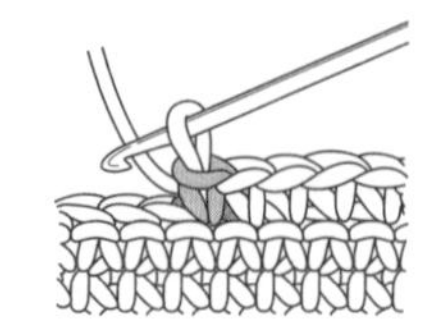

❹ 短针就完成了。

■材料

和麻纳卡 Aran Tweed 原白色（1）140g，Lupo 酒红色（11）30g

工具　环针（100~120cm）8号，棒针8号1根，钩针10/0号

■成品尺寸

宽32cm，周长80cm

■密度

10cm×10cm面积内：编织花样19针，25.5行

■编织方法

在环针和棒针上各起156针，一共起312针后开始编织。参照符号图，从编织花样的第1行开始编织所有针目（312针）至37行，结束时做伏针收针。最后在披肩的边缘用Lupo线编织1行短针。

13 拉针花样双圈围脖 Drop Stitch p.19 16 元宝针罗纹花样双圈围脖 Brioche Rib p.22

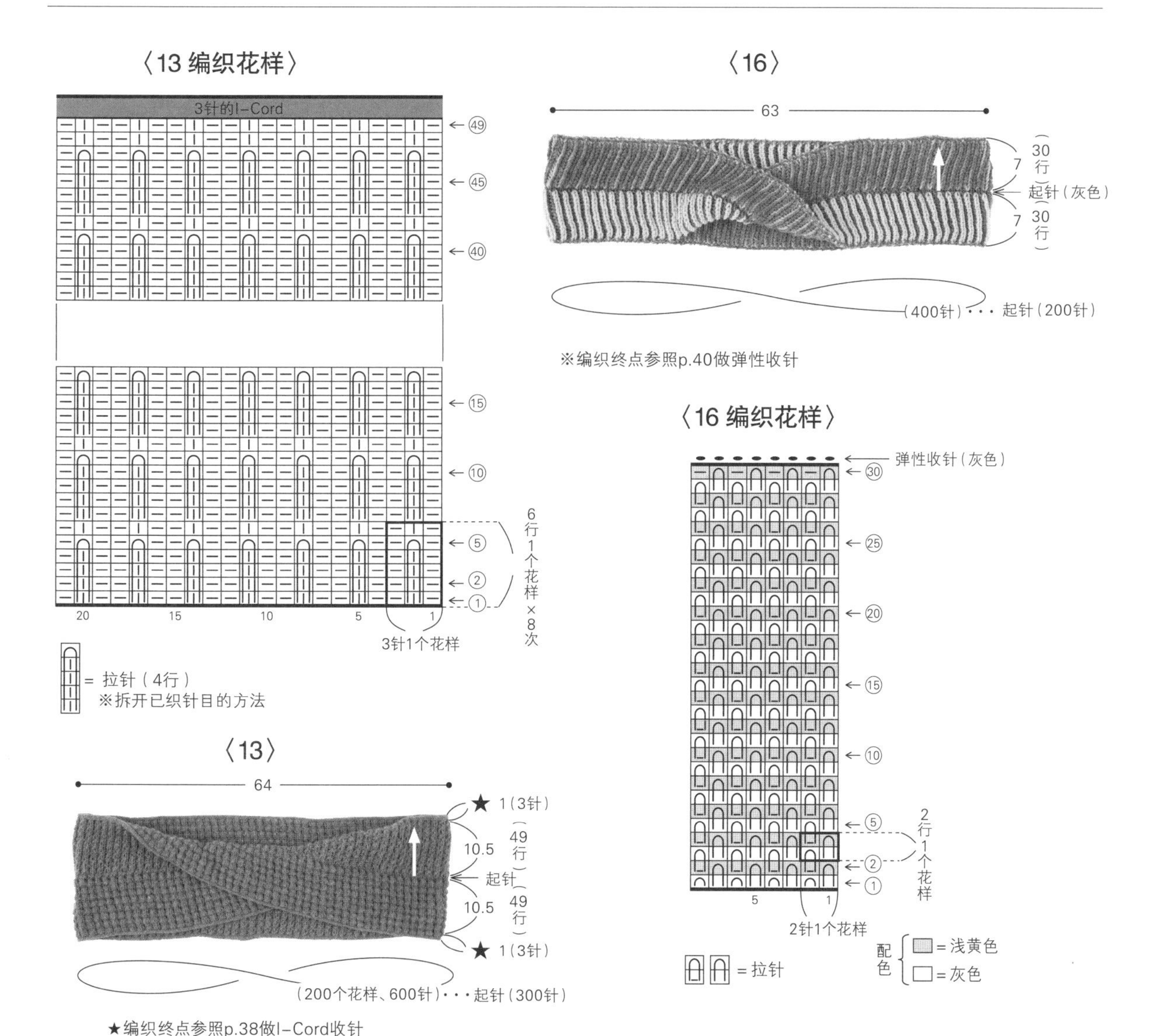

〈13〉

■材料

DARUMA Airy Wool Alpaca 橄榄绿色（4）135g

工具　环针（120~150cm）5 号，棒针 5 号 1 根

■成品尺寸

宽 23cm，周长 128cm

■密度

10cm × 10cm 面积内：编织花样 22 针，46.5 行

■编织方法

在环针和棒针上各起 300 针，一共起 600 针后开始编织。从编织花样的第 1 行开始编织所有针目（600 针）。编织拉针（4 行）时，先在下面第 5 行的针目里插入针编织下针，然后将挂在左针上的针目取下拆开。按此要领编织至 49 行，结束时做 3 针的 I–Cord 收针（参照 p.38）。

〈16〉

■材料

芭贝 Queen Anny 灰色（832）80g，浅黄色（892）75g

工具　环针（120~150cm）6 号，棒针 6 号 1 根

■成品尺寸

宽 14cm，周长 126cm

■密度

编织花样 10cm 16 针，30 行 7cm

■编织方法

在环针和棒针上各起 200 针，一共起 400 针后开始编织。从编织花样的第 1 行开始编织所有针目（400 针）。参照符号图和 p.51，一边配色一边编织至 30 行，结束时做弹性收针（参照 p.40）。

〈编织花样〉

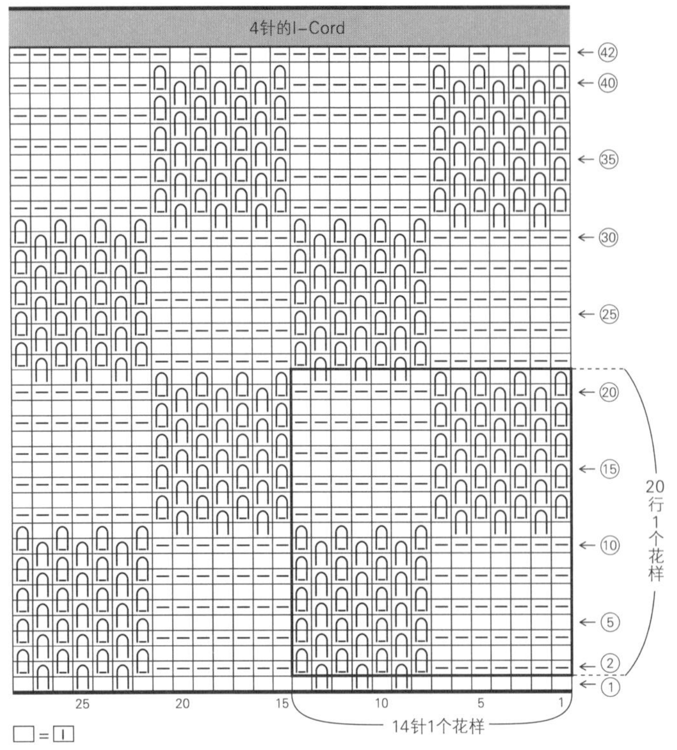

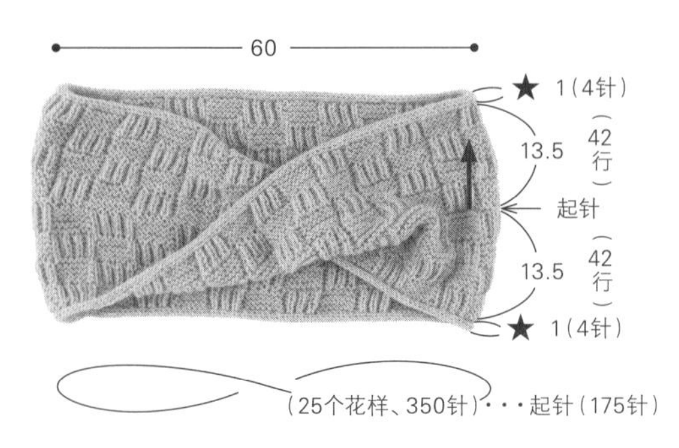

★编织终点参照p.38做I-Cord收针

拉针（下针）

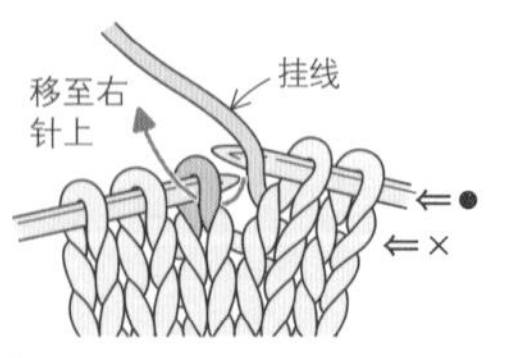

❶ 先在针上挂线，前一行的下针不编织，直接将其移至右针上。

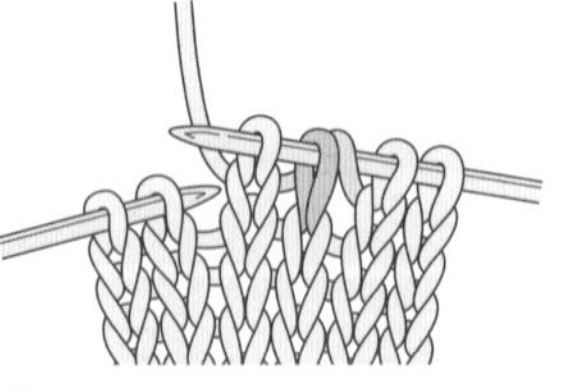

❷ 拉针就完成了。接着编织下个针目。

拉针（上针）

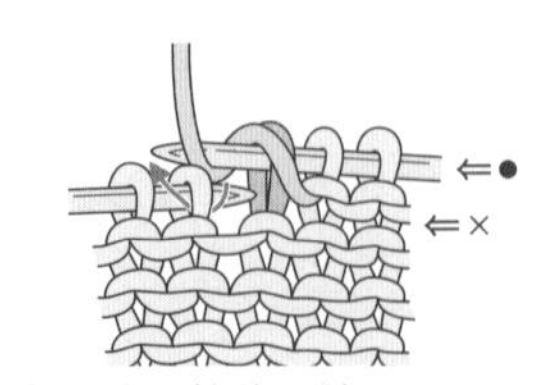

先在针上挂线，前一行的上针不编织，直接将其移至右针上。接着编织下个针目。

■材料

SKI UK Blend Melange 黄绿色（8007）240g

工具　环针（120~150cm）8号，棒针8号1根

■成品尺寸

宽29cm，周长120cm

■密度

10cm×10cm面积内：编织花样14针，31行

■编织方法

在环针和棒针上各起175针，一共起350针后开始编织。参照符号图，从编织花样的第1行开始编织所有针目（350针）至42行，结束时做4针的I-Cord收针（参照p.38）。

15 花式线漏针罗纹花样风帽 Drop Rib

p.21

〈编织花样〉

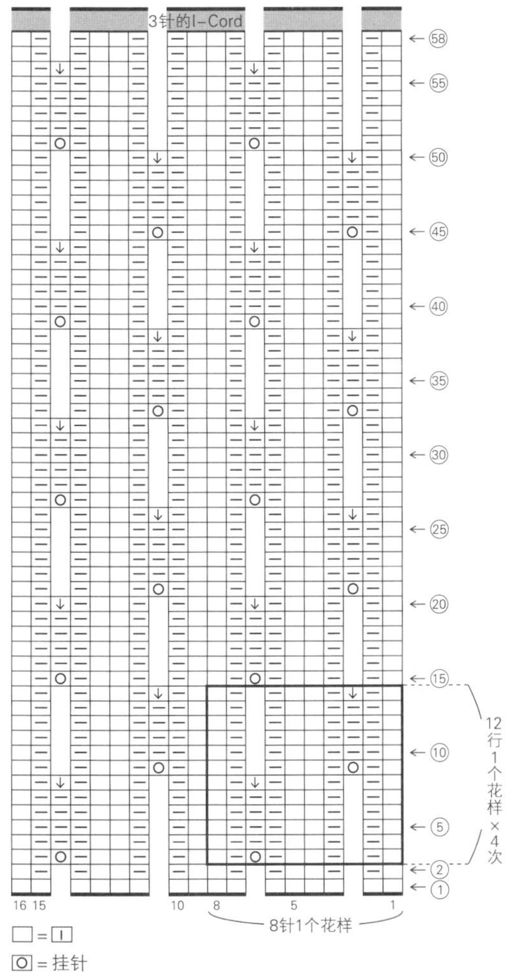

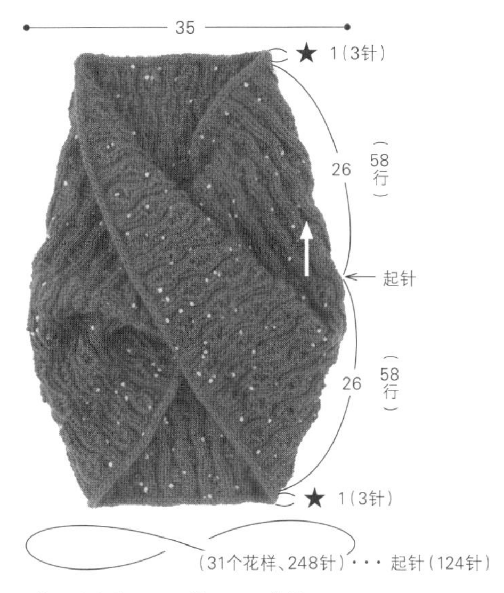

★编织终点参照p.38做I-Cord收针

■材料

DARUMA Pom Pom Wool 酒红色 × 蓝灰色（10）280g

工具　环针（100~120cm）10 号，棒针 10 号 1 根

■成品尺寸

宽 54cm，周长 70cm

■密度

10cm × 10cm 面积内：编织花样 17 针，22.5 行

■编织方法

在环针和棒针上各起 124 针，一共起 248 针后开始编织。参照符号图和 p.49，从编织花样的第 1 行开始编织所有针目（248 针）至 58 行。结束时做 3 针的 I-Cord 收针（参照 p.38）。

17 元宝针波纹花样围脖 Wave Brioche

p.23

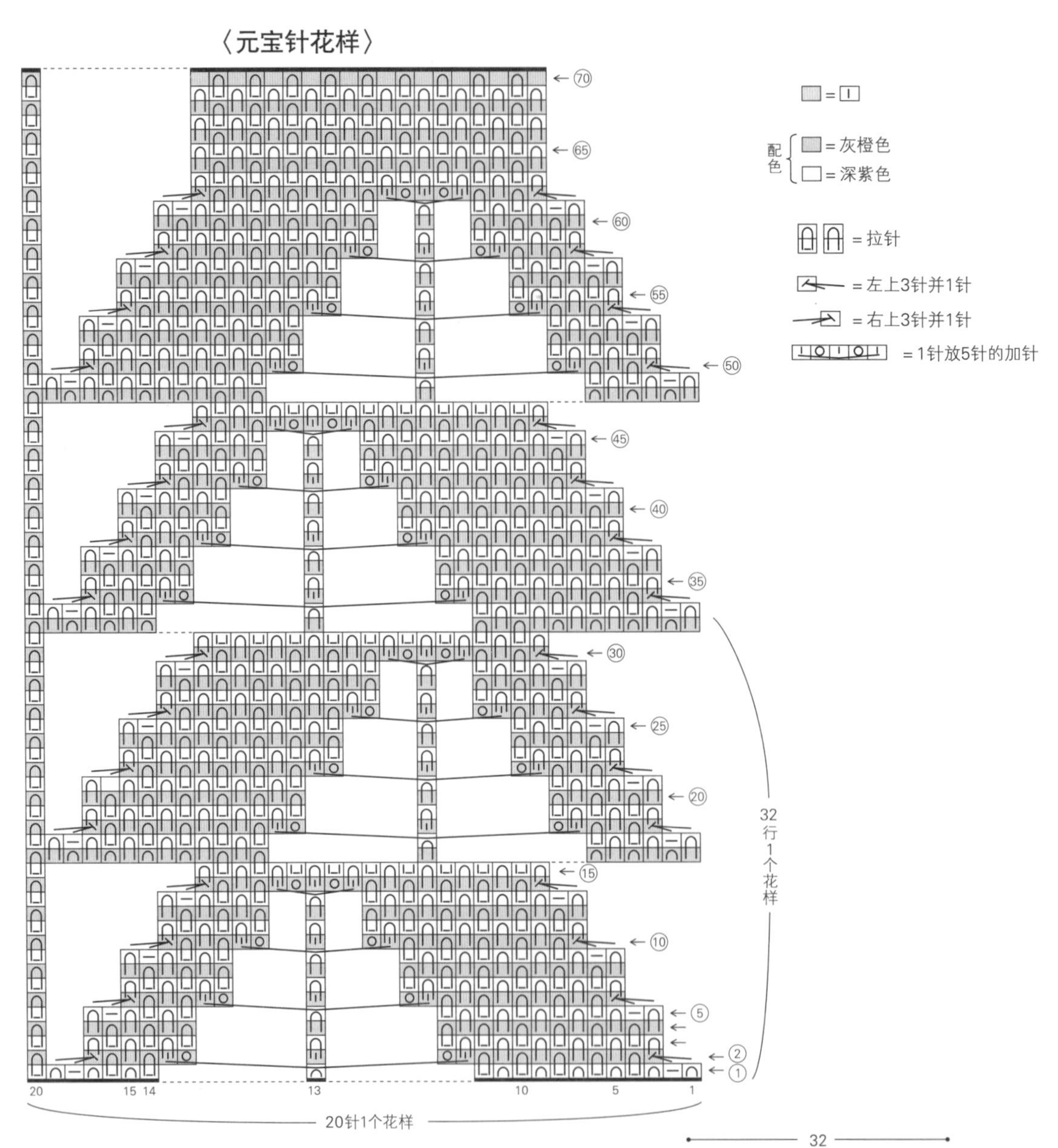

■材料

芭贝 Princess Anny 灰橙色（541）100g，深紫色（550）90g

工具　环针（80~100cm）6 号，棒针 6 号 1 根

■成品尺寸

宽 36cm，周长 64cm

■密度

10cm×10cm 面积内：编织花样 23.5 针，39 行

■编织方法

在环针和棒针上各起 170 针，一共起 340 针后开始编织。从元宝针花样的第 1 行开始编织所有针目。参照符号图和 p.51 编织至 70 行，结束时用灰橙色线做无缝缝合收针（参照 p.42）。

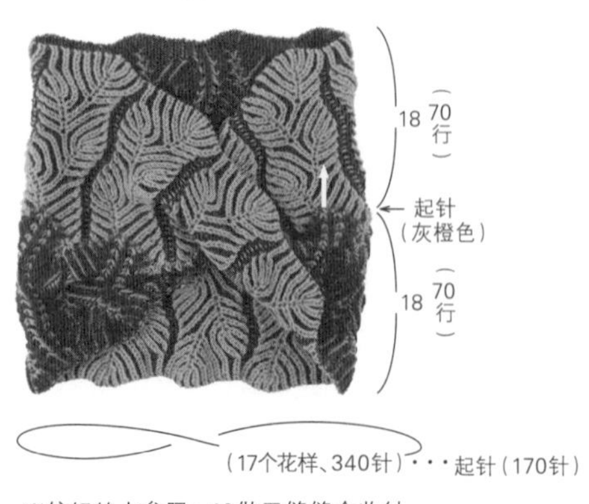

※编织终点参照p.42做无缝缝合收针

20 千层水波花样披肩 K-Wave

p.26

〈编织花样〉

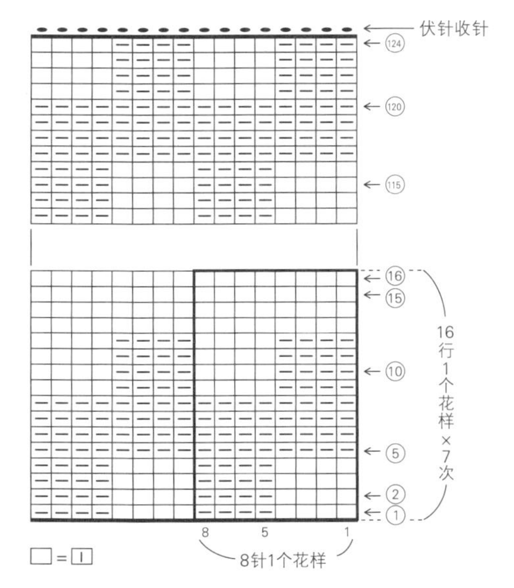

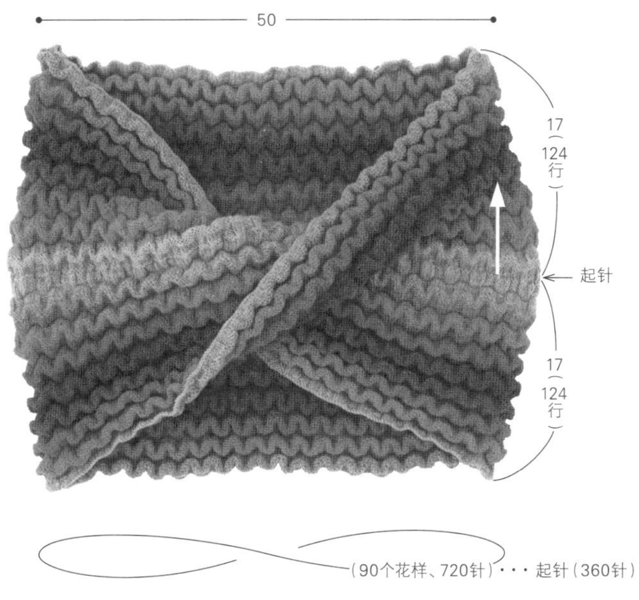

■材料

和麻纳卡 Lantana 橙色和红色系段染（206）300g

工具　环针（120~150cm）3 号，棒针 3 号 1 根

■成品尺寸

宽 34cm，周长 100cm

■密度

10cm×10cm 面积内：编织花样 36 针，73 行

■编织方法

在环针和棒针上各起 360 针，一共起 720 针后开始编织。参照符号图，从编织花样的第 1 行开始编织所有针目（720 针）至 124 行，结束时做伏针收针。

21 带领子的勾股花样斗篷 Pythagorean Pattern

p.27

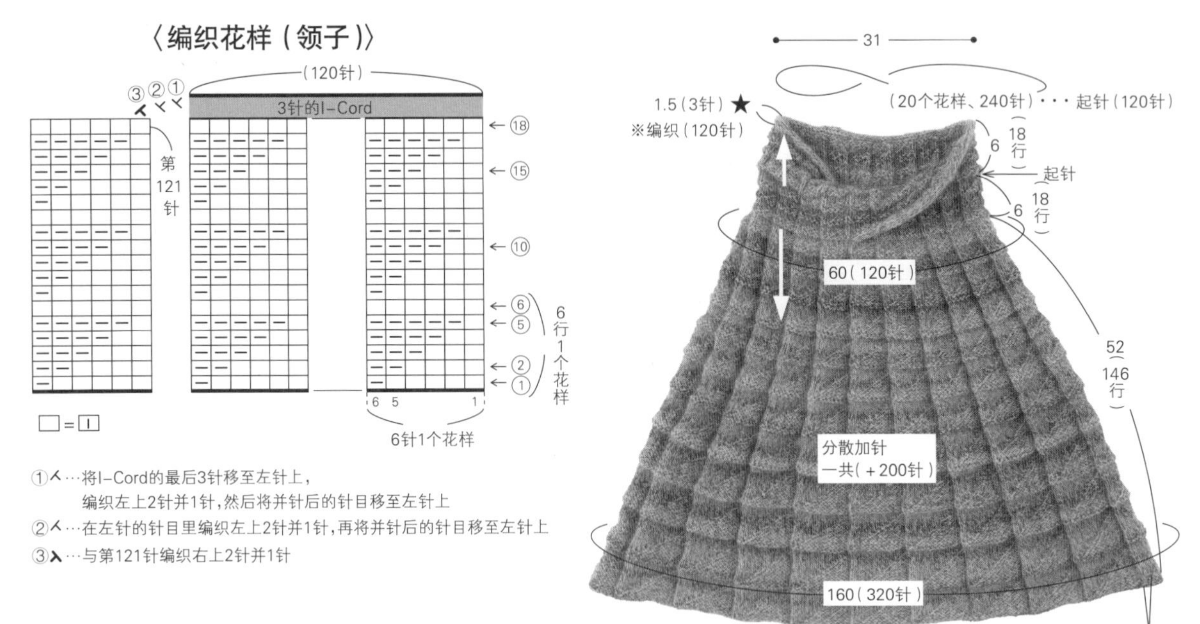

〈编织花样(身片)〉

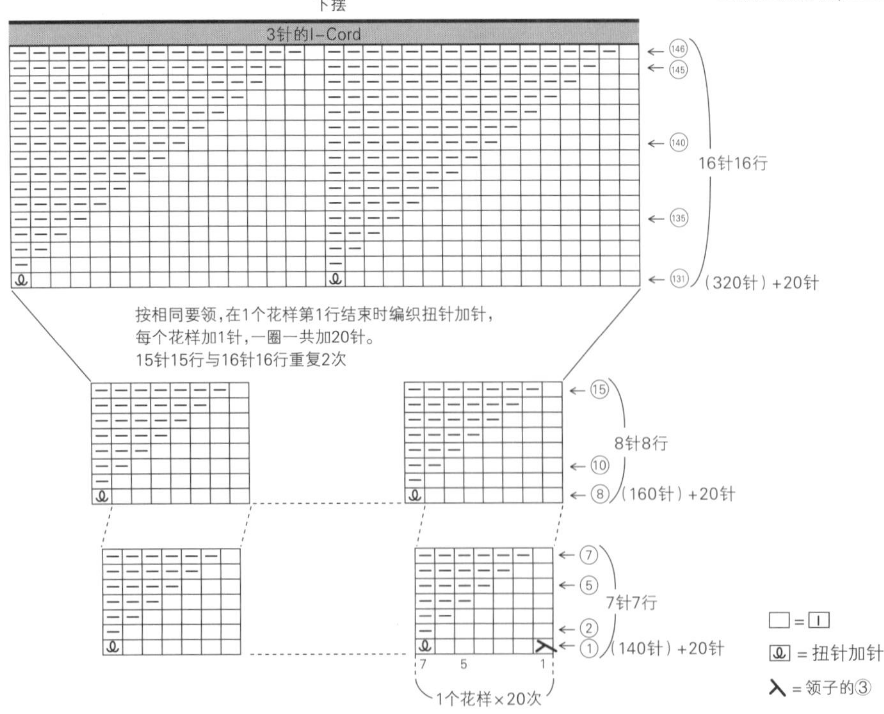

■材料

和麻纳卡 Rich More Bacara Epoch 橙色和棕色混染(268)485g

工具　环针(60cm、100cm)7号，棒针7号1根

■成品尺寸

长67cm

■密度

10cm×10cm面积内：编织花样20针，24行

■编织方法

在60cm的环针和棒针上各起120针，一共起240针后开始编织。参照符号图，从编织花样的第1行开始编织所有针目(240针)至18行，结束时只将其中的120针做3针的I-Cord收针(参照p.38)。I-Cord编织终点的3针参照图示重复编织3次的2针并1针，接着编织身片部分。身片将剩下的120针连接成环形，一边逐个花样加针一边编织至146行，结束时做3针的I-Cord收针。

针法符号的编织方法 Technical Guide

上针的中上 3 针并 1 针

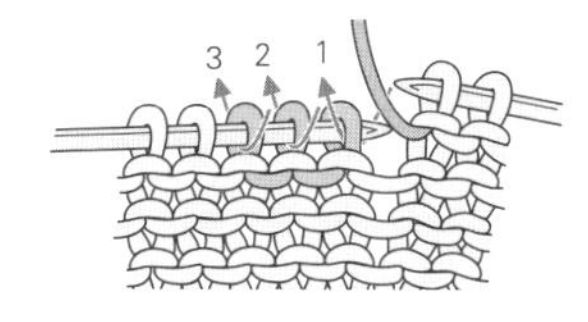

❶ 按 1、2、3 的顺序如箭头所示插入右针，不编织，依次移过针目（注意 1 的箭头方向）。

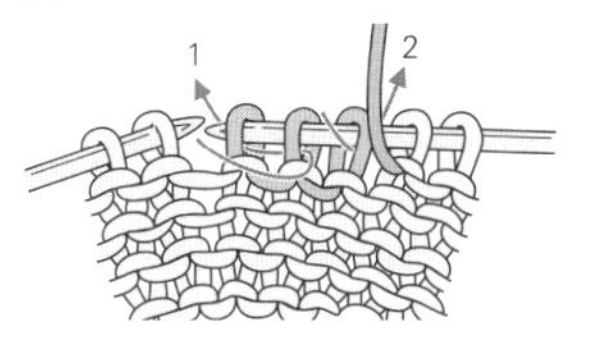

❷ 按 1、2 的顺序，如箭头所示插入左针移回针目。

❸ 在 3 针里一起插入针，编织上针。

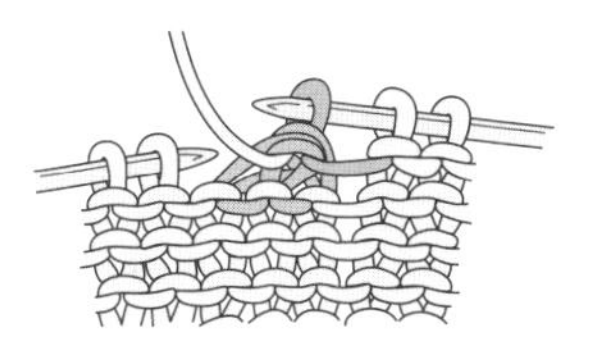
❹ 上针的中上 3 针并 1 针就完成了。

穿过左针的盖针（铜钱花）（3 针的情况）

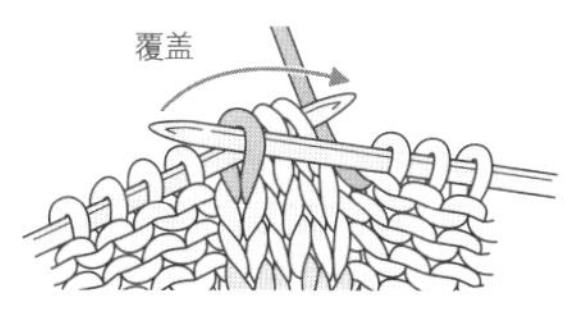

❶ 在第 3 针里插入右针，如箭头所示将其覆盖在右边的 2 针上。

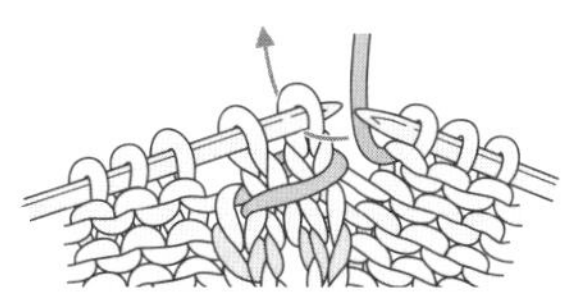
❷ 在第 1 针里编织下针。

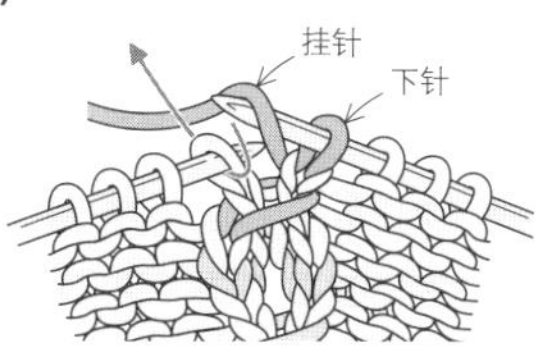

❸ 接着挂针，再在第 2 针里编织下针。

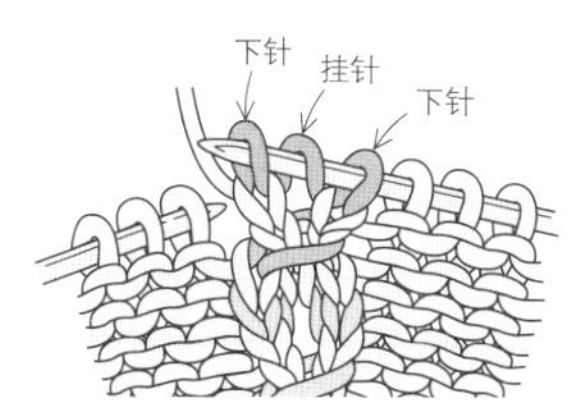

❹ 穿过左针的盖针（3 针的情况）就完成了。

拉针（2 行的情况）※ 拆开已织针目的方法

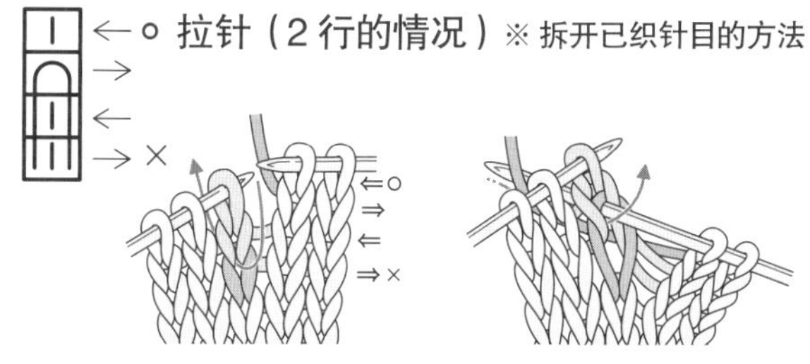

❶ 在前面第 3 行的针目里插入右针。

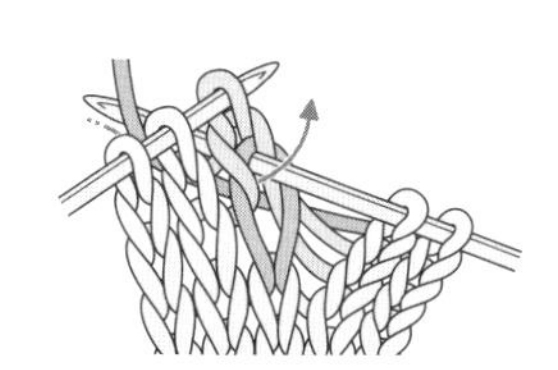
❷ 挂线后挑出。

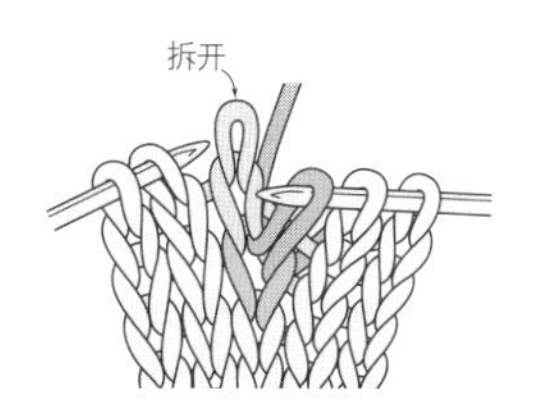

❸ 取下左针上的针目，将针目拆开。

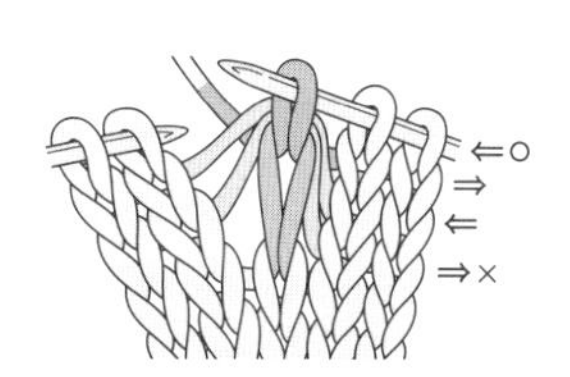

❹ 用拆开已织针目的方法编织的拉针（2 行的情况）就完成了。

扭针加针

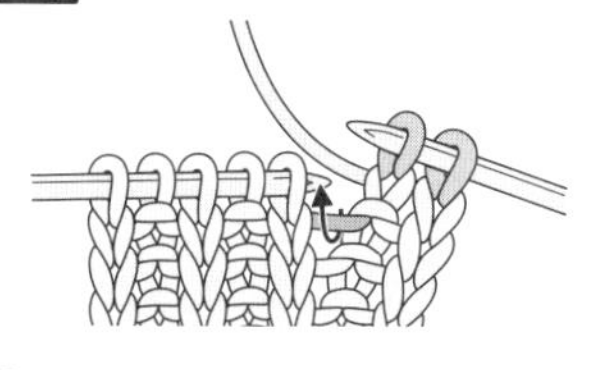
❶ 如箭头所示，在前一行针目与针目之间的渡线里插入左针挑上来。

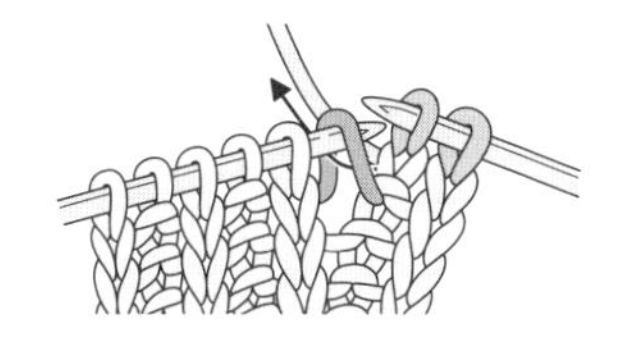
❷ 在挑起的针目里插入右针，编织下针。

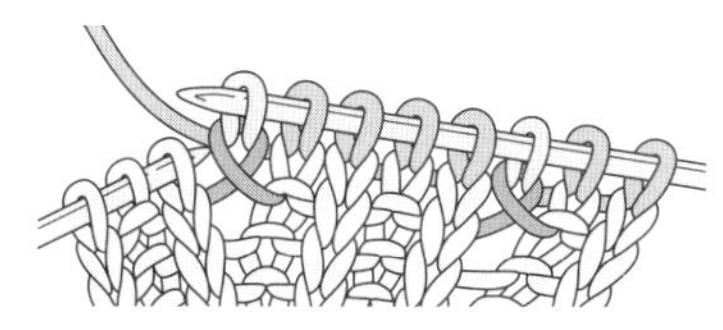
❸ 扭针加针就完成了。

针法索引

Photographers：Shigeki Nakashima, Noriaki Moriya, Nobuhiko Honma.
Original Japanese edition published in Japan by NIHON VOGUE Corp.
Simplified Chinese translation rights arranged with BEIJING BAOKU INTERNATIONAL CULTURAL DEVELOPMENT Co., Ltd.

备案号：豫著许可备字-2020-A-0021

贝恩德·凯斯特勒（Bernd Kestler）

出生于德国黑森州的达姆施塔特。十几岁开始学习编织，1998 年来到日本。不仅研究与编织相关的世界文献，而且在日本各地的编织教室担任讲师。此外，还出售许多富有创意的帽子和披肩等编织材料包。2011 年，为了给东日本大地震的受灾地区送去编织毯，曾发起过名为“Knit for Japan”的募集活动。他喜欢骑摩托车，外出旅行时也不忘拿起编织工具，思考新的作品，探索编织上新的可能性。

图书在版编目（CIP）数据

环形编织的莫比乌斯围脖/（德）贝恩德·凯斯特勒著；蒋幼幼译. —郑州：河南科学技术出版社，2021.8
ISBN 978-7-5725-0410-5

Ⅰ. ①环… Ⅱ. ①贝… ②蒋… Ⅲ. ①棒针—绒线—编织—图集 Ⅳ. ①TS935.522-64

中国版本图书馆CIP数据核字（2021）第090933号

出版发行：河南科学技术出版社
地址：郑州市郑东新区祥盛街27号　邮编：450016
电话：（0371）65737028　65788613
网址：www.hnstp.cn
策划编辑：刘　欣
责任编辑：刘　瑞
责任校对：刘淑文
封面设计：张　伟
责任印制：张艳芳
印　　刷：河南博雅彩印有限公司
经　　销：全国新华书店
开　　本：787 mm×1 092 mm　1/16　印张：5　字数：140千字
版　　次：2021年8月第1版　2021年8月第1次印刷
定　　价：49.00元
